Was lebt an Strand und Küste?

Der Kosmos-Farbcode teilt die Tiere und Pflanzen in folgende Gruppen ein:

Wirbellose Tiere 10

Fische 50

Säugetiere 62

Vögel 64

Blütenpflanzen 92

Algen 114

Extra:
Funde im Angespül 128
Funde am Strand: auf der Umschlagseite innen

Kosmos Basics

Was lebt an Strand und Küste?

Ute Wilhelmsen

KOSMOS

Unterwegs an Strand und Küste

Strandwanderungen sind ein Muss in jedem Küstenurlaub.

Was finde ich am Strand?

Auf diese Frage gibt es viele Antworten: Vielleicht einen Seestern, eine Muschelschale oder einen Blasentang. Viele Strandwanderer machen sich auf die Suche nach solchen Schätzen. Je nach Saison und Wetterlage sind sie leicht bekleidet oder dick eingemummelt in wattierte und wasserfeste Hüllen und folgen, die Augen nach unten gerichtet, dem gewundenen Saum aus Angespültem, Tangbüscheln und Muschelschalen. Sie alle sind Entdecker auf der Spur von Bernsteinbröckchen, Schneckenhäusern, Muschelschalen, Krebspanzern und anderen Sammlerstücken.

Es fasziniert uns, das Meer. Und nicht nur Kinder werden gern zu Stranddetektiven, die alles unter die Lupe nehmen, was das Meer anspült. Dieses Buch hilft Ihnen, herauszufinden, worum es sich bei Ihren Fundstücken handelt. Hier finden Sie die Meerestiere, zu denen all die Schalen, Gehäuse und Panzer gehören, prägnant beschrieben, dazu Spannendes und Wissenswertes. Außerdem stellt Ihnen das Buch Tiere und Pflanzen vor, die es an der Küste noch zu entdecken gibt – also alles, was dort schwimmt, fliegt oder blüht.

Nordsee und Ostsee

Unsere heimischen Küsten säumen die Nordsee und die Ostsee – zwei Meere, die ähnlich und doch ganz verschieden sind. Die Nordsee ist ein Randmeer des Atlantiks, durchströmt von den Gezeitenwellen und so salzig wie der Ozean. An der deutschen Nordseeküste erstreckt sich das Wattenmeer, eine einzigartige Landschaft, die durch Nationalparks geschützt und seit dem Jahr 2009 als Weltnaturerbe ausgezeichnet ist.

Das Wattenmeer ist ein Saum zwischen Land und Meer, geprägt von Ebbe und Flut, geschützt von einer Barriere aus Inseln, hinter denen sich die weltweit größten zusammenhängenden Flächen von Schlick- und Sandwatt erstrecken, gefolgt von Salzwiesen, Stränden und Dünen.

Die Ostsee hingegen ist ein Binnenmeer, in dem Salz Mangelware ist. Nur über die engen und flachen Verbindungen zwischen den dänischen Inseln ist die Ostsee mit der Nordsee verbunden. Und nur unter bestimmten Wetterbedingungen strömen Schübe von salzreichem Nordseewasser ein und versorgen die westliche Ostsee. Richtung Osten wird das Meersalz immer knapper, denn aus mehr als 200 Flüssen strömt Süßwasser in die Ostsee.

Dem Strandwanderer bietet die Ostseeküste ein vielfältiges Mosaik aus Sandstränden und Dünen, imposanten Steilküsten, Stein- und Kiesstränden, Buchten und Bodden.

Tiere und Pflanzen

Unsere Küsten beherbergen eine vielfältige Tier- und Pflanzenwelt. In Nord- und Ostsee lebt eine Vielzahl von Fischen, beson-

Die Sandkringel des Wattwurms sind typisch für das Wattenmeer.

Die Schalenklappen der Miesmuschel werden oft an den Strand gespült.

An der Ostseeküste lassen sich malerische Steilküsten entdecken.

ders das Wattenmeer ist für sie eine wichtige Kinderstube. Auch Meeressäuger wie Seehunde, Kegelrobben und sogar Schweinswale lassen sich vom Strand oder vom Schiff aus beobachten. Außerdem bevölkern zahlreiche Vogelarten die Küste. Wer genauer hinschaut und vielleicht sogar ein Fernglas hat, entdeckt neben den allgegenwärtigen Möwen die auffälligen Austernfischer mit schwarz-weißem Gefieder und roten Schnäbeln, elegante Seeschwalben, kleine Strandläufer, Rotschenkel, Pfuhlschnepfen und viele andere. Für das Millionenheer der Zugvögel ist insbesondere das Wattenmeer eine unverzichtbare »Tankstelle« auf ihrer langen Reise nach Süden oder Norden.

Vögel, Fische und Säugetiere gehören – wie wir auch – zu den Wirbeltieren. Tiere ohne die typische Wirbelsäule finden sich in der großen Gruppe der »Wirbellosen«. Dazu zählen Schwämme, Quallen, Schnecken, Muscheln, Würmer, Krebse und viele andere Tiere, die sich im Meer tummeln.

Sie alle findet man in Nord- und Ostsee gleichermaßen, doch der Salzmangel in der Ostsee macht vielen Meeresbewohnern ganz schön zu schaffen. In der westlichen Ostsee vor Schleswig-Holsteins Küste ist der Salzgehalt noch vergleichsweise hoch und somit auch die Artenzahl der Meeresbewohner. Doch Richtung Osten nimmt beides immer mehr ab. Daher sind in diesem Buch auch die Verbreitungsgrenzen der Meerestiere und -pflanzen in der Ostsee angegeben.

Gut erhaltene Fossilien wie diese Ammoniten sind ein echter Glücksfund.

Meist werden nur kleine Bernsteinbröckchen an den Strand gespült.

Wer unsere Küsten erkundet, findet neben bemerkenswerten Tieren auch zahlreiche Pflanzen, die selbst unwirtliche Lebensräume wie Sand- und Steinstrände erobert haben und die besonders reizvollen Dünenlandschaften prägen. Spezialisierte Salzpflanzen sind bis ans Meer vorgedrungen und vertragen sogar zeitweilige Überflutungen. Für »normale« Pflanzen hingegen ist zu viel Salz im Boden das reinste Gift.

Manche Pflanzen haben sogar das Meer als Lebensraum erobert: Ganz abgetaucht ist das Seegras, das zusammen mit zahlreichen Algenarten in Nord- und Ostsee wächst.

Bernstein und Fossilien

An Strand und Küste findet man nicht nur die Tiere und Pflanzen von heute, sondern auch Boten aus der Vergangenheit, die vom Leben vor vielen Millionen Jahren berichten: Bernstein und verschiedene Fossilien.

Bernstein ist hart gewordenes, fossiles Harz von Bäumen. Es ist viel leichter als echte Steine. Gut unterscheiden kann man beide, wenn man mit dem Fundstück vorsichtig gegen die Zähne klopft: Bernstein klingt dumpf, ähnlich wie Plastik, während ein Stein hart und hell klingt. Auch Versteinerungen findet man an der Küste. Beispielsweise sogenannte Donnerkeile, die aussehen wie längliche, vorne zugespitzte »Steine«. Tatsächlich sind es – ebenso wie Ammoniten – Teile bzw. Gehäuse von ausgestorbenen Tintenfischen. Auch uralte Schneckenhäuser, Muschelschalen, Korallen oder Seeigelschalen sind als Versteinerungen mit etwas Glück am Strand zu finden.

Die Tiere und Pflanzen

Bohrschwamm
Cliona celata

> durchlöchert Austernschalen
> wohnt in Röhrensystem
> bohrt mit »Ätzzellen«

Merkmale Schwammkörper versteckt in Bohrlöchern in Muschelschalen oder Kalksteinen. Vom lebenden Schwamm sieht man außen nur 1–3 mm große, gelb- bis orangefarbene runde Flecken (Papillen), in deren Mitte eine Ausströmöffnung liegt. Der Schwamm bohrt häufig in Austernschalen, die dann völlig durchlöchert werden. **Vorkommen** Dauerflutzone in Kreidefelsen, Muschelkalk, Muschelschalen. Nordsee bis westliche Ostsee. **Wissenswertes** Ein Bohrschwamm gräbt sich zunächst eine Kammer in den Kalk seiner zukünftigen Behausung. Dann bohrt er netzartig Gänge, die bis an die Oberfläche vorstoßen. Durch diese Löcher hält er Kontakt zur Außenwelt. Der Schwamm strudelt Wasser durch seinen Körper, um die darin enthaltenen Schwebeteilchen zu fressen und um zu atmen. Zum Bohren nutzt er »Ätzzellen«. Diese sprengen mittels chemischer Prozesse winzige Kalkschüppchen ab, die durch die Ausströmöffnungen des Schwamms weggeschwemmt werden.

Brotkrumenschwamm
Halichondria panicea

> vertrocknete Stücke zerbröseln
> Schwämme lebend fest und zäh
> sehr vielgestaltig

Merkmale Schwammkörper unregelmäßig geformt, gelblich, bräunlich oder grünlich; bildet je nach Standort ungleichmäßige Klumpen oder flache Krusten und kann große Flächen bedecken. Die großen Ausströmöffnungen sitzen auf kleinen Erhebungen. **Vorkommen** Vom Flachwasser abwärts auf Steinen, Pfählen, Muscheln, Tangen. Nordsee bis westliche Ostsee. **Wissenswertes** Am Strand angespülte und ausgetrocknete Stücke vom Brotkrumenschwamm sind weißlich und zerbröseln wie trockenes Brot, daher der Name. Die lebenden Tiere hingegen sind fest und zäh. Sie können Steine und Felsen mit einer dicken Schwammkruste überziehen, sodass sich nicht mehr unterscheiden lässt, wo ein einzelner Schwamm aufhört und der nächste anfängt. Im Gezeitenbereich bildet der Brotkrumenschwamm flache Krusten mit Ausströmöffnungen, die nur wenig hochstehen. Im tieferen Wasser hingegen sitzen diese Öffnungen auf »Schornsteinen«, die bis zu 15 cm in die Höhe ragen können. Auch auf Muschelschalen, Krebspanzern oder Seetang siedeln sich die Schwämme an.

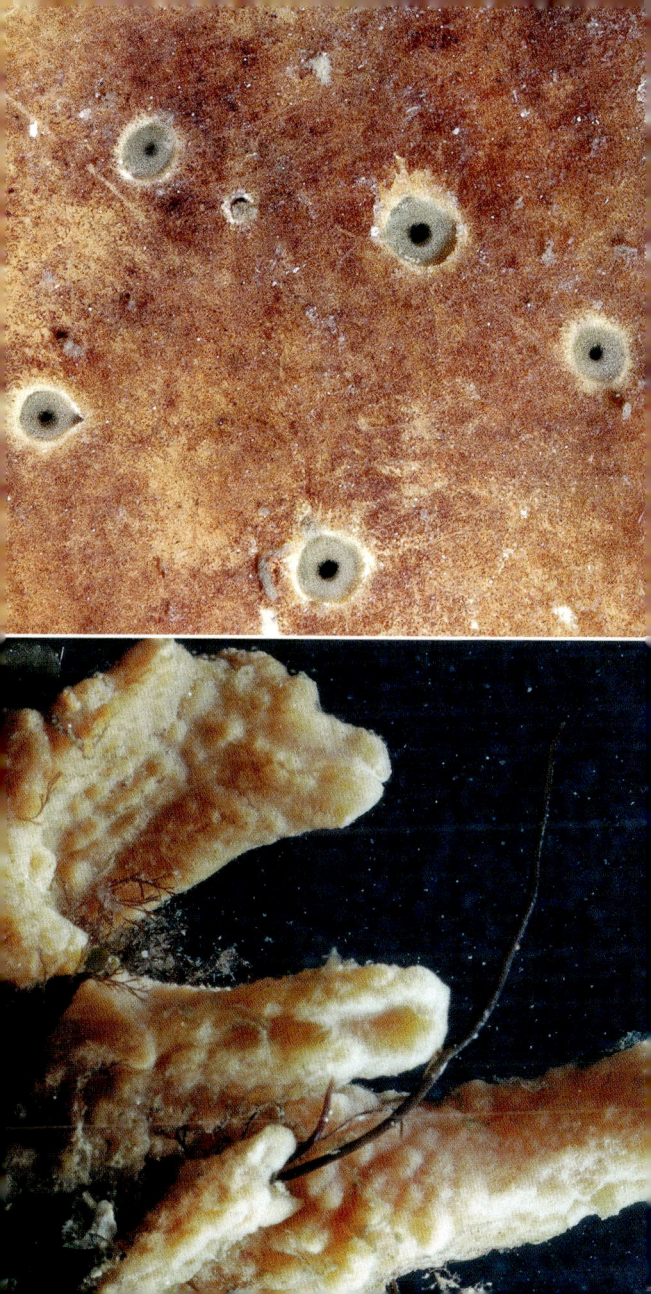

> leben auf Ein-
siedlerkrebsen
> bilden Stacheln
> Kolonien mit
Arbeitsteilung

Stachelpolyp
Hydractinia echinata

Merkmale Kolonien der Stachelpolypen siedeln vor allem auf Schneckenhäusern, die von
Einsiedlerkrebsen bewohnt werden. Sie bilden
raue Polster mit einer Bodenplatte, auf der verschiedene Typen
von Polypen sowie lange Stacheln wachsen. **Vorkommen** Von
der Dauerflutzone abwärts. Nordsee bis Dänische Belte und Öresund. **Wissenswertes** Stachelpolypen gehören wie Quallen zu
den Nesseltieren und besitzen giftige Nesselkapseln. Sie bilden
Kolonien und teilen sich die Arbeit auf: Die Fresspolypen fischen
mit Tentakeln Nahrungsteilchen aus dem Wasser. Wehrpolypen
tragen Peitschen mit Nesselkapseln, Geschlechtspolypen sorgen
für die Fortpflanzung. Stachelpolyp und Einsiedlerkrebs profitie-
ren gleichermaßen von ihrem Zusammenleben (Symbiose). Der
Krebs trägt seinen Gast umher und wirbelt dabei Nahrungsteilchen auf. Im Gegenzug schützen ihn seine nesselnden Dachbe-
wohner und vergrößern mit ihrer Bodenplatte seine Behausung.

> am Strand zu
finden
> ähnelt Algen-
büschel
> früher
Zierblume

Seemoos
Sertularia cupressina

Merkmale Kolonien aus Polypen bilden
hellbraune, verzweigte Äste, die bis zu 50 cm
hoch aufwachsen können und wie Pflanzen
aussehen. **Vorkommen** Gezeitenzone und tiefer, auf Steinen,
Muschelschalen oder Krebspanzern. Nordsee bis westliche Ostsee. **Wissenswertes** Am Strand angespülte Seemoosbüschel
lassen sich leicht mit Algen verwechseln. Am Ende der zahlreichen Zweige sitzen kleine Becher, in denen die Polypen sitzen. Im
Wasser strecken sie ihre mit Nesselkapseln bewehrten Fangarme
ins Wasser, um Plankton zu fischen. Gefärbte Seemooszweige
waren Ende des 19. Jahrhunderts als Blumenschmuck sehr
beliebt. Fischer schleppten mit Stacheldraht umwickelte Ketten
vom Boot aus über den Nordseeboden, um das Seemoos in Massen loszureißen. Diesem Raubbau hielt das Seemoos nicht stand.
Ende der 1970er-Jahre wurde die Fischerei endgültig eingestellt
– die Ausbeute war zu mager geworden und das Ziermoos war
außerdem aus der Mode gekommen. Zu großen unterseeischen
»Wiesen« ist das Seemoos aber nie wieder herangewachsen.

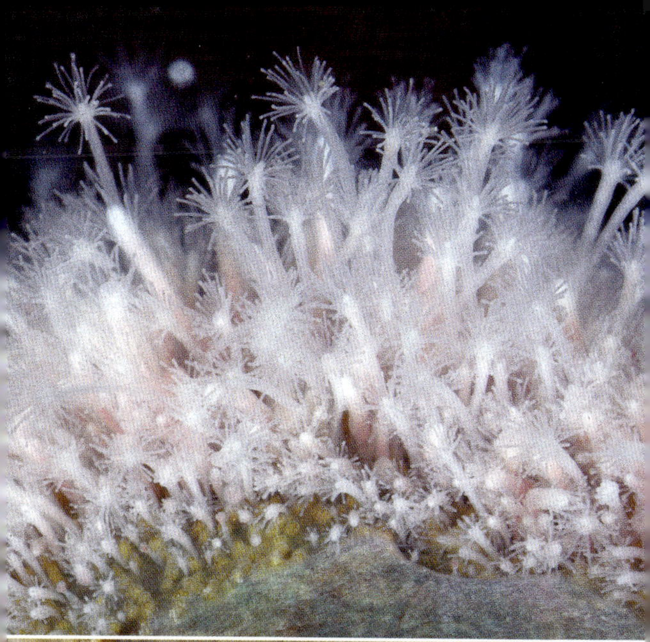
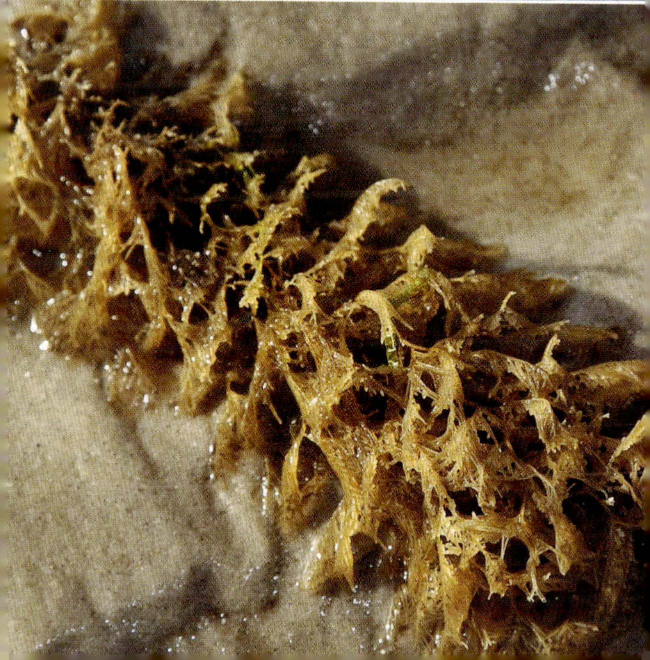

> Fangarme spitz zulaufend
> verträgt Trockenfallen
> fängt Fische und Krebse

Pferderose
Actinia equina

Merkmale Körper zylinderförmig, bis zu 6 cm hoch, mit bis zu 200 spitz zulaufenden Tentakeln. In der Mitte sitzt die Mundscheibe. Farbe olivgrün, braun, rot. **Vorkommen** Gezeitenzone und tiefer, auf Steinen und Muscheln. Nordsee, Skagerrak, Kattegat und Öresund. **Wissenswertes** Mit ihren stark nesselnden Tentakeln fängt die Pferderose Krebse und kleine Fische. Rückt ein Nachbar zu nahe, wird auch der so lange mit Nesselkapselgift traktiert, bis er wieder abrückt. Bei Ebbe zieht sie ihre Tentakelkrone vollständig ein und erträgt Trockenfallen, Hitze und Regen.

> Fangarme enden stumpf
> bunt gemustert
> tarnt sich mit Schill

Dickhörnige Seerose
Urticina felina

Merkmale Körper zylinderförmig, bis zu 15 cm hoch, mit bis zu 160 stumpf endenden Tentakeln um die Mundscheibe. Farbe variabel, häufig bunt gebändert oder gefleckt. Körper mit Saugwarzen, die Algen oder Schillstückchen festhalten. **Vorkommen** Felsboden und Steine. Nordsee bis westliche Ostsee. **Wissenswertes** Seerosen fangen vor allem nachts Würmer, Schnecken, kleine Krebse und Fische. Im Ruhezustand ziehen sie ihre Fangarme zurück. Dank der angehefteten Schill- und Algenstückchen sind sie gut getarnt. Verletzungen können sie schnell regenerieren.

> fein gefiederte Tentakelkrone
> fängt Plankton
> bildet Klone

Seenelke
Metridium senile

Merkmale Tentakelkrone fein gefiedert, schlanker Rumpf, ausgestreckt bis zu 30 cm hoch, zusammengezogen etwa halb so groß. Farbe weiß, hellbraun, orange oder lachsfarben. Mundscheibe bei großen Tieren gelappt. **Vorkommen** Gezeitenzone und tiefer, auf Felsen und Muscheln. Nordsee bis westliche Ostsee. **Wissenswertes** Seenelken können an der Fußscheibe kleine Teilstücke abtrennen, aus denen neue Tiere heranwachsen. Deshalb trifft man häufig auf mehrere, gleich gefärbte Tiere dicht beieinander. Seenelken fangen mit ihren Tentakeln kleine Tiere (Plankton).

> durchsichtiger Schirm
> ohrenförmige Geschlechts-organe
> ungefährlich

Ohrenqualle
Aurelia aurita

Merkmale Quallenschirm mit vier ohrenförmigen Geschlechtsorganen, die beim Männchen weiß, beim Weibchen violett hindurchschimmern. Durchmesser bis zu 40 cm. **Vorkommen** Nordsee und Ostsee bis zu den Ålandinseln. **Wissenswertes** Ohrenquallen treiben im Meer. Für Badende sind sie ungefährlich, weil die Nesselkapseln unsere Haut nicht durchdringen können. Die winzigen, festsitzenden Polypen der Ohrenquallen schnüren Schwimmlarven ab, die zu großen Schirmquallen heranwachsen. Diese bilden Eier und Samen, nach der Befruchtung entstehen wieder Polypen.

> gelb bis rot gefärbt
> nesselt stark!
> kann sehr groß werden

Gelbe Haarqualle, Feuerqualle
Cyanea capillata

Merkmale Schirm flach, hellgelb, orange oder rötlich, Durchmesser 50 cm, selten bis zu 1 m. Zahlreiche zusammenziehbare, dicht mit Nesselkapseln besetzte Tentakel, im ausgestreckten Zustand mehrere Meter lang. **Vorkommen** Nordsee und Ostsee bis zu den Ålandinseln. **Wissenswertes** Feuerquallen fangen mit ihren langen Nesselfäden Plankton und Fische, die sie mit vier Mundarmen auf der Schirmunterseite in den Mund befördern. Beim Baden kann bereits der Kontakt mit abgerissenen Nesselfäden Brennen und rote Streifen auf der Haut verursachen.

> blau gefärbt
> kleiner als Feuerqualle
> nesselt weniger

Blaue Nesselqualle
Cyanea lamarckii

Merkmale Schirm gewölbt, blau gefärbt und mit Warzen besetzt. Durchmesser bis zu 20 cm. Hat weniger und kürzere Tentakel und brennt nicht so stark wie die Feuerqualle. **Vorkommen** Nordsee, Skagerrak und Kattegat. **Wissenswertes** Nesselquallen orientieren sich wie die anderen Schirmquallen auch mithilfe von Sinnesknospen am Schirmrand. In diesen sind Gleichgewichtsorgane, Seh- und Geschmackszellen enthalten. Quallen können hell und dunkel unterscheiden und sich im Wasser orientieren. Ein Netz von Nervenzellen steuert ihre Reaktion auf Umweltreize.

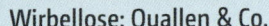

- > mit Kompass-muster
- > nesselt kaum
- > ändert ihr Geschlecht

Kompassqualle
Chrysaora hysoscella

Merkmale Quallenschirm durchsichtig, blass-weiß oder gelb mit auffälligem braunroten Streifenmuster, das an eine Kompassrose erin-nert. Mit vier schlanken, braunen Mundlappen. Durchmesser bis zu 30 cm. **Vorkommen** Nordsee, Skagerrak und Kattegat. **Wissenswertes** Die Kompassqualle ernährt sich von Plankton, ihre Nesselfäden sind für den Menschen ungefährlich. Sie ändert im Lauf ihres Lebens ihr Geschlecht: Zunächst entwickeln sich die Kompassquallen zu Männchen, dann werden sie zwittrig und produzieren schließlich als Weibchen nur noch Eier.

- > gekräuselte Mundarme
- > hochgewölbter Schirm
- > keine Nessel-kapseln

Blumenkohlqualle
Rhizostoma octopus

Merkmale Schirm fest und hochgewölbt, bläu-lich oder milchig. Am Schirmrand hängen bis zu 100 kleine Lappen, aber keine Tentakel. Die acht Mundarme sind miteinander verwachsen und stark gekräu-selt. Durchmesser bis zu 60 cm. **Vorkommen** Nordsee, Skager-rak und Kattegat. **Wissenswertes** Diese Qualle gehört zu den Wurzelmundquallen, ihre Mundarme sind zu zahlreichen kleinen Mundöffnungen verwachsen. Sie ernähren sich von Plankton, das durch diese Öffnungen über zahlreiche Kanäle in den Magen befördert wird. Blumenkohlquallen besitzen keine Nesselkapseln.

- > ähnelt einer Stachelbeere
- > schwimmt mit Wimpern-bändern
- > fängt Plankton

Seestachelbeere
Pleurobrachia pileus

Merkmale Ihr bis zu 3 cm großer Quallenkörper gleicht in Form und Größe einer durchsich-tigen Stachelbeere. Mit acht bewimperten Rippen und seitlich je einer Tasche mit einem langen gefiederten Fangarm. **Vorkommen** Nordsee bis westliche Ostsee. **Wissenswertes** Seestachelbeeren gehören zu den Rippenquallen. Ihre Längsrippen sind mit zahlreichen Wimpern besetzt, die schlagen und auf diese Weise die Qualle durchs Wasser bewegen. Ihre lan-gen Fangarme sind mit Klebzellen ausgestattet, an denen Plank-ton haften bleibt und zum Mund befördert wird.

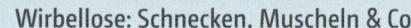
> dickwandiges Gehäuse
> überlebt Trockenheit
> essbar

Strandschnecke
Littorina littorea

Merkmale Gehäuse dickwandig, kegelförmig, graubraun, bis zu 4 cm hoch. Obere Mündungskante geht fließend in das Gehäuse über. **Vorkommen** Hart- und Weichböden im Flachwasser. Nordsee bis westliche Ostsee. **Wissenswertes** Strandschnecken weiden den Algenbelag von Steinen, Muschelschalen oder Tangen ab. Sie verschließen ihr Gehäuse mit einem Deckel und können so einige Tage ohne Wasser überleben. Nach der Befruchtung entlässt das Weibchen seine Eier ins offene Meer. Die ausschlüpfenden Schwimmlarven gehen nach einiger Zeit zum Bodenleben über.

> wenige Millimeter groß
> massenhaft im Wattenmeer
> reist auf Schleimfloß

Wattschnecke
Hydrobia ulvae

Merkmale Gehäuse nur wenige Millimeter groß, gelblich bis braun, mit abgerundeter Spitze und bis zu sieben Umgängen. **Vorkommen** Gezeitenzone und tiefer, auf Sand- und Schlickböden, Seegras und Algen, massenhaft im Wattenmeer. Nordsee und Ostsee bis zu den Ålandinseln. **Wissenswertes** Wattschnecken sind winzig, bevölkern aber millionenfach den Wattboden und grasen den Algenbelag vom Sand ab. Manchmal werden ihre leeren Gehäuse in ungeheuren Mengen am Strand zusammengespült. Sie bildet ein »Floß« aus Schleim, auf dem sie im Wasser treibt.

> spindelförmiges Gehäuse
> gräbt sich ein
> filtriert Wasser

Turmschnecke
Turritella communis

Merkmale Gehäuse spindelförmig, bis zu 5,5 cm hoch, bräunlich, mit bis zu 20 deutlich abgesetzten Umgängen. **Vorkommen** Dauerflutzone auf Sand- und Schlickböden. Nordsee bis Kattegat und Öresund. **Wissenswertes** Die Turmschnecke lebt flach im Schlammboden vergraben und strudelt mithilfe von Flimmerhärchen Wasser durch ihre Kiemen. An diesen bleiben kleine Nahrungsteilchen hängen und werden über ein Schleimband zum Mund transportiert. Ihre leeren Gehäuse werden gern von Einsiedlerkrebsen genutzt und häufig am Strand angespült.

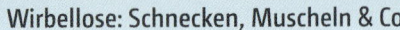

> - Form ähnelt Pantoffel
> - bilden Paarungsketten
> - eingeschleppte Art

Pantoffelschnecke
Crepidula fornicata

Merkmale Gehäuse hoch gewölbt, Windungen sehr undeutlich, Innenraum mit heller Scheidewand. Von unten betrachtet ähneln die leeren Gehäuse kleinen Pantoffeln. **Vorkommen** Gezeitenzone und tiefer, auf Felsen und Muschelbänken. Nordsee bis Kattegat. **Wissenswertes** Pantoffelschnecken stammen ursprünglich aus Nordamerika. Sie wurden mit Zuchtaustern nach Europa eingeschleppt und sind heute weit verbreitet. Zur Fortpflanzung sitzen die Schnecken in Paarungsketten aufeinander. Ähnlich wie Muscheln strudeln sie kleine Schwebeteilchen ein und fressen diese.

> - Form ähnelt Vogelfuß
> - lebt im Boden versteckt
> - beliebter Strandfund

Pelikanfuß
Aporrhais pespelicani

Merkmale Gehäuse gelblich weiß, bis zu 5 cm hoch, mit charakteristischer fünfstrahlig ausgezogener Außenlippe der Mündungsöffnung. Diese hat Ähnlichkeit mit einem Vogelfuß, daher der Name. Bei Jugendstadien fehlt dieses Merkmal. **Vorkommen** Dauerflutzone auf Sandböden. Nordsee, Kattegat bis nördlicher Öresund. **Wissenswertes** Der Pelikanfuß lebt versteckt im Boden, wo er sich von organischem Material ernährt, das er aus dem Wasser filtert oder von der Oberfläche absammelt. Mit dem »Pelikanfuß« an ihrem Gehäuse kann sich die Schnecke verteidigen.

> - Gehäuse mit Wellenstruktur
> - riecht ihre Beute
> - Eigelege häufig im Angespül

Wellhornschnecke
Buccinum undatum

Merkmale Gehäuse kräftig, bis zu 12 cm hoch, graugelb, Oberfläche mit Wellenstruktur, daher der Name. **Vorkommen** Sand- oder Felsböden, ab wenigen Metern Tiefe. Nordsee bis westliche Ostsee. **Wissenswertes** Die Wellhornschnecke ist ein Räuber und Aasfresser und riecht die Beute aus großer Entfernung. Aus dem Schlund kann sie einen langen Rüssel ausfahren. An seiner Spitze sitzt eine Raspelzunge, ein vielseitiges Fresswerkzeug, mit dem die Beute ausgefressen wird. Die Wellhornschnecke kann schnell kriechen. Am Strand findet man häufig ihre leeren Eigelege.

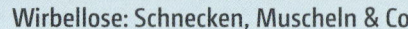

> - spinnt sich mit Klebfäden fest
> - bildet Muschelbänke
> - beliebte Speisemuschel

Miesmuschel
Mytilus edulis

Merkmale Vorderende zugespitzt, Hinterende gerundet, bis zu 10 cm lang. Außenseite mit kräftiger blau-schwarzer Oberhaut, Innenseite aus glänzendem Perlmutt. **Vorkommen** Gezeitenzone und tiefer, auf Sand- und Felsböden. Nordsee und Ostsee bis zu den Ålandinseln. **Wissenswertes** An dem kräftigen Fuß der Miesmuschel sitzt eine spezielle Drüse, die Klebfäden absondert. Damit spinnt sich die Muschel an Steinen, Pfählen oder anderen Muschelschalen fest. So können große Muschelbänke entstehen. Miesmuscheln filtrieren winzige Algen aus dem Wasser.

> - alte Schalen im Angespül
> - einst Delikatesse
> - durch Überfischung verschwunden

Europäische Auster
Ostrea edulis

Merkmale Schalenklappen ungleich gewölbt mit stark geschuppter Oberfläche, Farbe variabel, bis zu 15 cm lang. **Vorkommen** Sand- und Felsböden, natürliche Vorkommen heute sehr selten. Alte, leere Schalen werden häufig an den Strand gespült. Nordsee bis Skagerrak. **Wissenswertes** Die Austernlarven schwimmen frei im Wasser und heften sich dann mit ihrer Zementdrüse auf einem geeigneten Untergrund fest. Im Wattenmeer der Nordsee gab es große Austernbänke, die intensiv wirtschaftlich genutzt wurden. Durch massive Überfischung sind die Bestände fast erloschen.

> - Zuchtauster aus Japan
> - heute wild im Wattenmeer
> - verdrängt die Miesmuschel

Pazifische Auster
Crassostrea gigas

Merkmale Schalen oval bis länglich, mit stark geschuppter Oberfläche, bis zu 20 cm lang. **Vorkommen** Zuchtauster aus Japan, heute auch wild auf Steinen und Muschelbänken im Wattenmeer der Nordsee. **Wissenswertes** Die Pazifische Auster ist robuster und kräftiger als ihre heimische Verwandte. Sie wird daher heute vielfach in Austernfarmen gezüchtet. Dank ihrer frei schwimmenden Larven hat sich diese eingeschleppte Art in weiten Küstenabschnitten selbst ausgewildert. Im Wattenmeer überwächst sie mancherorts die heimischen Miesmuschelbänke.

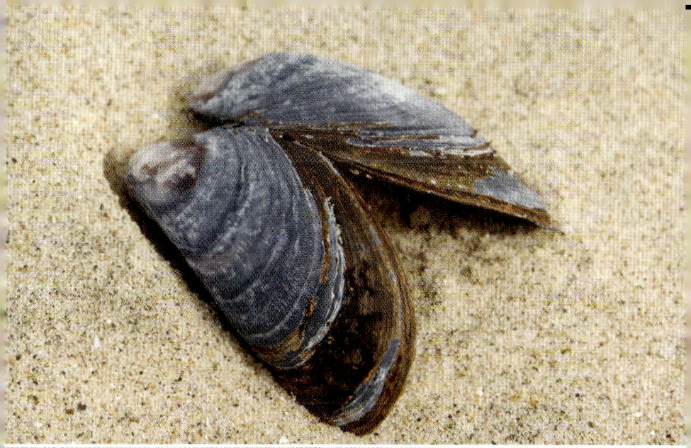
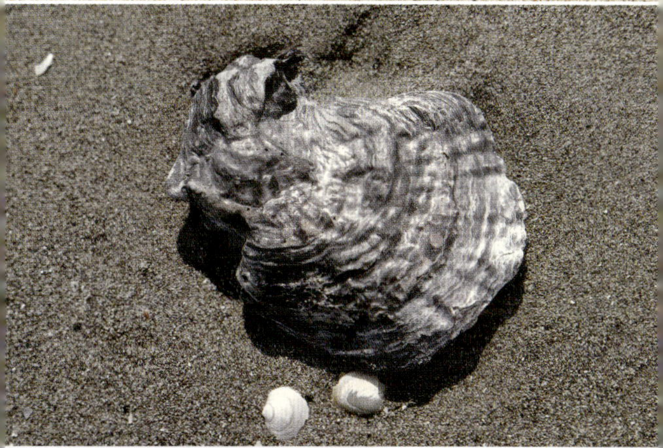
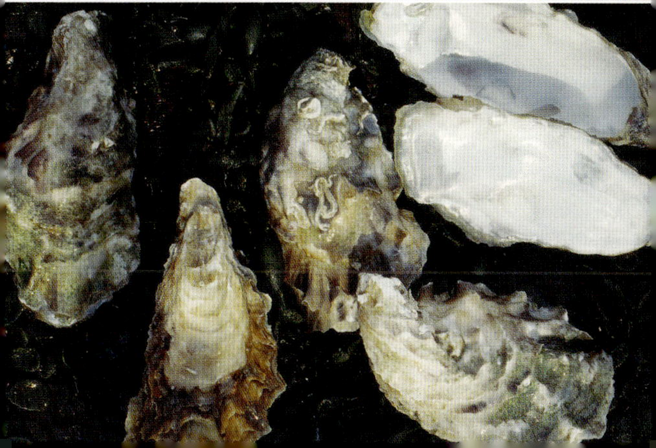

Islandmuschel
Arctica islandica

> dicke, stark gewölbte Schale
> kann sehr alt werden
> seltener Strandfund

Merkmale Schalenklappen kräftig und stark gewölbt, mit feinen Wachstumsringen, bis zu 12 cm breit, dunkelbraun mit schwarzer Oberhaut überzogen. **Vorkommen** Dauerflutzone auf Sand- und Schlickböden. Nordsee bis Ostsee um Bornholm. **Wissenswertes** Islandmuscheln leben dicht unter der Wasseroberfläche. Sie können sehr alt werden: Vor Island haben Seeleute ein über 400 Jahre altes Exemplar gefunden. In der Nordsee gibt es jedoch immer weniger Islandmuscheln. Zu schaffen macht ihnen die Schleppnetzfischerei, die mit schweren Metallrechen den Boden durchpflügt.

Herzmuschel
Cerastoderma edule

> gerippte Schalenklappen
> im Boden vergraben
> essbar

Merkmale Schale stabil, bis zu 5 cm lang, weißlich bis bräunlich, mit ausgeprägten flachen Rippen. **Vorkommen** Gezeitenzone und tiefer auf Sand- oder Weichboden. Nordsee bis westliche Ostsee. **Wissenswertes** Herzmuscheln graben sich 1–2 cm tief ein. Durch eine Art Schlauch strudeln sie Wasser zum Atmen ein und filtern gleichzeitig Nahrungsteilchen heraus. Durch einen zweiten Schlauch stoßen sie das verbrauchte Wasser wieder aus. Mit ihrem großen Fuß können sie sich schnell eingraben. Von der Seite ist der Muschelumriss herzförmig, daher der Name.

Dickschalige Trogmuschel
Spisula solida

> dicke Schale
> wichtige Nahrung für Fische
> wirtschaftlich genutzt

Merkmale Schalen oval und kräftig, weiß, grau bis bräunlich, auch gestreift, bis zu 6 cm lang. Außen mit feinen Wachstumsstreifen, innen glatt mit deutlichen Muskelabdrücken. **Vorkommen** Gezeitenzone und tiefer auf Sandboden. Nordsee bis Kattegat. **Wissenswertes** Die dicken Schalen der Trogmuscheln findet man häufig unversehrt am Strand. In der südlichen Nordsee wird diese Art kommerziell gefischt. Sehr ähnlich ist die Gedrungene Trogmuschel *(Spisula subtruncata)*. Ihre Schale ist nahezu dreieckig und die Schalenspitze ist etwas seitlich versetzt.

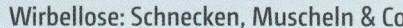

> Schalenrand
  mit Zähnchen
> im Sand
  versteckt
> schöner
  Strandfund

Sägezähnchen
Donax vittatus

Merkmale Schalen länglich bis dreieckig, bis zu 3 cm lang, glänzend braun bis cremefarben, Außenrand fein gezähnt, daher der Name. Innenseite weiß bis violett. **Vorkommen** Gezeitenzone bis etwa 50 m Tiefe auf Sandboden. Nordsee und Skagerrak. **Wissenswertes** Sägezähnchen leben direkt unter der Wasseroberfläche an offenen, sandigen Brandungsküsten. Mit ihrem muskulösen Fuß graben sie sich innerhalb weniger Sekunden ein, wenn sie freigespült werden. Ihre glänzenden Schalenklappen gehören zu den schönsten Strandfunden.

> Schale bunt
  gestreift
> häufig im
  Wattenmeer
> nach Stürmen
  am Strand

Rote Bohne, Plattmuschel
Macoma balthica

Merkmale Schale dreieckig bis oval, relativ dick, Farbe gelb, weiß, orange oder rot, bis zu 3 cm lang. **Vorkommen** Gezeitenzone bis etwa 15 m Tiefe in Sand- und Schlickböden. Nordsee und Ostsee bis um die Ålandinseln. **Wissenswertes** Plattmuscheln liegen waagerecht mehrere Zentimeter tief im Boden vergraben. Über zwei Schläuche halten sie Kontakt zur Oberfläche. Durch den einen strömt Wasser ein, außerdem fungiert er als Pipette, mit der die Muschel Nahrungsteilchen vom Sand absammelt. Der andere dient als Ausströmöffnung.

> Schalen klaffen
  auseinander
> größte Muschel
  unserer Küsten
> steckt unbeweg-
  lich im Sand

Sandklaffmuschel
Mya arenaria

Merkmale Schalenklappen kräftig, oval, bis zu 14 cm lang, weißlich mit konzentrischen Streifen. Am Hinterende klaffen die Schalen auseinander, daher der Name. Linke Klappe mit löffelartigem Fortsatz. **Vorkommen** Gezeitenzone und tiefer in Sand- und Schlickböden. Nordsee und Ostsee bis um die Ålandinseln. **Wissenswertes** Sandklaffmuscheln vergraben sich bis zu 30 cm tief im Boden und halten den Kontakt zur Oberfläche durch zwei miteinander verwachsene Schläuche. Erwachsene Tiere sind unbeweglich und laufen Gefahr, freigespült oder übersandet zu werden.

> - schwertförmige Schalenklappen
> - aus Amerika eingeschleppt
> - sehr schmackhaft

Amerikanische Schwertmuschel
Ensis americanus

Merkmale Schale lang gestreckt, schwach gewölbt, außen mit glänzend brauner Hornhaut, bis zu 16 cm lang. **Vorkommen** Gezeitenzone und tiefer in Sandböden. Nordsee bis Dänische Belte und Öresund. **Wissenswertes** Diese Art stammt ursprünglich aus Nordamerika und ist wahrscheinlich in den 1970er-Jahren als Larve im Ballastwasser von Schiffen nach Europa eingeschleppt worden. Seitdem hat sich die Schwertmuschel schnell verbreitet. Nach Stürmen werden ihre Schalen häufig angespült. Sie kann bei Gefahr schwimmen, indem sie ihre Schale auf- und zuklappt.

> - bohrt in Lehm und Kalk
> - Schale ähnelt Engelsflügel
> - aus Amerika eingeschleppt

Amerikanische Bohrmuschel
Petricola pholadiformis

Merkmale Schalenklappen lang gestreckt, dünnwandig, weiß, mit ausgeprägten Zähnen an jeder Schalenhälfte, bis zu 6 cm lang. **Vorkommen** Nordsee bis Kattegat. **Wissenswertes** Die Muscheln bohren sich, indem sie die Schalen zueinander verschieben, mit dem Vorderende in Lehm und Kalkgestein. Die gebohrten Löcher dienen als Schutz vor Fressfeinden. Bohrmuscheln ernähren sich von Plankton, das sie aus dem Wasser filtrieren. Die Art stammt ursprünglich von der amerikanischen Ostküste und ist leicht mit der Weißen Bohrmuschel *(Barnea candida)* zu verwechseln.

> - Kopf mit Greif- und Fangarmen
> - verändern ihr Farbmuster
> - Schulp häufig im Angespül

Tintenfisch, Sepia
Sepia officinalis

Merkmale Körper teilt sich in einen Rumpf mit Flossensaum und einen Kopf mit acht Greifarmen und zwei langen Fangarmen, die eingezogen werden können. Bis zu 30 cm lang. Farbmuster variiert je nach Untergrund und Stimmung des Tiers. **Vorkommen** Dauerflutzone auf Sandböden. Nordsee. **Wissenswertes** Am Strand findet man häufig den Schalenrest (Schulp) der Sepia, der mit lauter luftgefüllten Löchern durchsetzt ist und das Tier leichter macht. Die Sepia legt sich zur Jagd auf die Lauer, pirscht sich an die Beute heran und ergreift sie mit den Fangarmen.

> - charakteristische Sandkringel
> - ähnelt Regenwurm
> - typisch für das Wattenmeer

Wattwurm, Pierwurm
Arenicola marina

Merkmale Körper dreigeteilt: vorderer Abschnitt verdickt und mit Kopf, Mittelstück mit gefiederten, leuchtend roten Kiemenbüscheln, hinterer Teil als schmaler Schwanz ohne Anhänge. Bis zu 30 cm lang, rotbraun bis fast schwarz. **Vorkommen** Sandböden im Flachwasser, typisch für das Wattenmeer. Nordsee bis westliche Ostsee. **Wissenswertes** Wattwürmer graben bis zu 20 cm tiefe L-förmige Wohnröhren im Sand. Auf der einen Seite befindet sich ein Einsturztrichter, weil der Wurm unten in seinem Bau beständig den von oben hinabrieselnden Sand frisst und die organischen Bestandteile verdaut. Regelmäßig kriecht der Wurm mit seinem Hinterende voran an die Oberfläche und stößt den so gereinigten Sand als Kringel wieder aus. Ein einziger Wattwurm schluckt kiloweise Sand pro Jahr. So lockert und belüftet er die oberen Schichten des Meeresbodens wie der Regenwurm die Gartenerde. Wattwürmer sind bei Vögeln und Plattfischen als Beute begehrt.

> - langer, räuberischer Wurm
> - schillert grünblau oder braun
> - Hochzeitstanz bei Vollmond

Grüner Seeringelwurm
Neanthes virens

Merkmale Wurmkörper lang gestreckt, besteht aus über 200 Segmenten, grün bis blau oder dunkelbraun bis kupfern, irisierend, bis zu 80 cm lang. Kopf mit kieferbewehrtem Rüssel. Mit blattförmigen Anhängen an den Stummelfüßen. **Vorkommen** Gezeitenzone und tiefer, in Sand- und Schlickböden. Nordsee bis westliche Ostsee. **Wissenswertes** Der Seeringelwurm gräbt verzweigte Gänge in den Wattboden. Nachts kriecht er aus diesen Gängen heraus, um mit seinen Kiefern kleine Tiere und Aas zu erbeuten. Im Frühjahr verwandeln sich die männlichen Würmer: Die kleinen Blättchen an ihren Körperseiten wachsen zu Schwimmpaddeln heran, ihre Augen werden groß. Bei Voll- oder Neumond schwimmen sie alle auf einmal aus ihren Gängen und wirbeln im Wasser herum. Dabei geben sie große Mengen von Samen ab, die zum Wattboden hinabregnen und dort die Eier der Weibchen befruchten. Nach ihrem Tanz sterben die Männchen und werden manchmal massenhaft an die Strände gespült. Die Entwicklung erfolgt über eine Schwimmlarve.

> baut köcher-
> förmige Röhren
> steckt im Sand
> leere Köcher im
> Angespül

Köcherwurm
Pectinaria koreni

Merkmale Wohnröhre köcherförmig, aus vielen fast gleich großen Sandkörnchen aufgebaut, bis zu 8 cm lang. Tier bis zu 5 cm lang, weißlich bis rosa. Kopf mit kräftigem Borstenkamm und vielen kurzen Tentakeln. **Vorkommen** Gezeitenzone und tiefer in Schlick- und Sandböden. Nordsee bis westliche Ostsee. **Wissenswertes** Der Köcherwurm steckt in seiner Röhre kopfüber schräg im Boden, sodass nur noch die schmale Röhrenspitze hinausragt. Der Wurm gräbt mit seinem Borstenkamm den Sand um und sortiert mit seinen Tentakeln Kleinstlebewesen heraus, die er zum Mund bugsiert und frisst. An seinem Kopf entsteht dadurch eine kleine Höhle, die regelmäßig von oben her einstürzt, sodass eine Verbindung zur Bodenoberfläche entsteht. Den durchwühlten Sand befördert der Wurm durch seinen Köcher hindurch nach oben, sodass sich neben dem Köcher ein kleiner Sandhaufen bildet. Die leeren Sandröhren des Wurms sind im Angespül zu finden.

> baumartige
> Röhren
> Kopf mit langen
> Tentakeln
> bildet »Wälder«
> am Wattboden

Bäumchenröhrenwurm
Lanice conchilega

Merkmale Körper gelblich rot, nach hinten spitz zulaufend, bis zu 20 cm lang. Kopf mit zahlreichen langen Tentakeln und roten gefiederten Kiemenbüscheln. Baut Wohnröhren, die wie kleine Bäume aussehen. **Vorkommen** Gezeitenzone und tiefer auf Sandböden. Nordsee bis Dänische Belte und Öresund. **Wissenswertes** Bäumchenröhrenwürmer bauen, wie der Name schon sagt, Wohnröhren, die wie Bäume aussehen. Allerdings sind diese Bäume nur wenige Zentimeter hoch. Baumstamm und Äste sind nicht aus Holz, sondern aus Sandkörnern und Muschelschill. Diese Bausteine beschmiert der Bäumchenröhrenwurm mit Kitt aus einer besonderen Drüse, bevor er sie zu einer Röhre zusammensetzt. Auf die Äste der Baumkrone stützt der Wurm seine vielen langen und klebrigen Fangfäden, mit denen er Baummaterial und Nahrungsteilchen einfängt. Er nutzt die Baumkrone also als Fangnetz. Dort, wo viele Bäumchenröhrenwürmer siedeln, entstehen kleine »Wälder« am Boden. Wie viele andere Ringelwürmer hat auch er frei schwimmende Larven.

> sandfarbene Garnelen
> »Nordseekrabben«
> häufig im Wattenmeer

Nordseegarnele (»Krabbe«)
Crangon crangon

Merkmale Körper lang gestreckt, Schwanz mit Fächer am Ende; zwei Antennenpaare, ein schlankes Scherenpaar, vier dünne Laufbeinpaare. Weibchen bis zu 8 cm, Männchen bis zu 4,5 cm lang. Passen ihre Farbe dem Untergrund an: graubraun, hell oder dunkel. **Vorkommen** Gezeitenzone und tiefer auf Weichböden. Nordsee bis Kattegat und nördlicher Öresund. **Wissenswertes** Nordseegarnelen stehen fälschlich als »Krabben« auf unserem Speiseplan. Echte Krabben wie die Strandkrabbe haben ihren Hinterleib zurückgebildet, bei den Garnelen hingegen sitzt im Endstück genau das Muskelfleisch, das uns so gut schmeckt. Nordseegarnelen sind nachtaktive Tiere; tagsüber graben sie sich ein, nur Augen und Antennen schauen hervor. In der Nordsee können sie massenhaft auftreten, werden größer als in der Ostsee und sind Grundlage einer bedeutenden Küstenfischerei. Garnelen leben ein bis zwei Jahre als Männchen, dann verwandeln sie sich in Weibchen.

> stark abgewandelter Krebs
> sitzt in Kalkgehäuse fest
> erträgt Trockenperioden

Gewöhnliche Seepocke
Semibalanus balanoides

Merkmale Kalkgehäuse weißgrau, bis zu 2 cm im Durchmesser, kraterförmig, aus sechs gekerbten Platten, mit einer ebenfalls verkalkten Grundplatte an die Unterlage geheftet. Obere Öffnung durch vier bewegliche Platten verschließbar. **Vorkommen** Gezeitenzone auf Hartböden aller Art, auf Muschelschalen, Krebspanzern, Algen und Schiffsrümpfen. Nordsee bis Dänische Belte und Öresund. **Wissenswertes** Seepocken sind stark abgewandelte Krebse, die in ihrem Gehäuse auf dem Untergrund festsitzen. Unter Wasser strecken sie ihre gefiederten Fangarme heraus und filtrieren mit rhythmischen Bewegungen kleine Schwebepartikel aus dem Wasser. Wenn sie bei Ebbe im Trockenen sitzen, verschließen sie ihr Gehäuse fest und können so lange Trockenperioden und sogar Einfrieren überdauern. Die Seepockenlarven leben zunächst frei im Wasser, dann wandeln sie sich in eine zweite Larvenform um und zementieren sich an einem geeigneten Untergrund fest. Mancherorts sitzen sie dicht an dicht und bilden ganze »Seepockenbänder« in der Gezeitenzone.

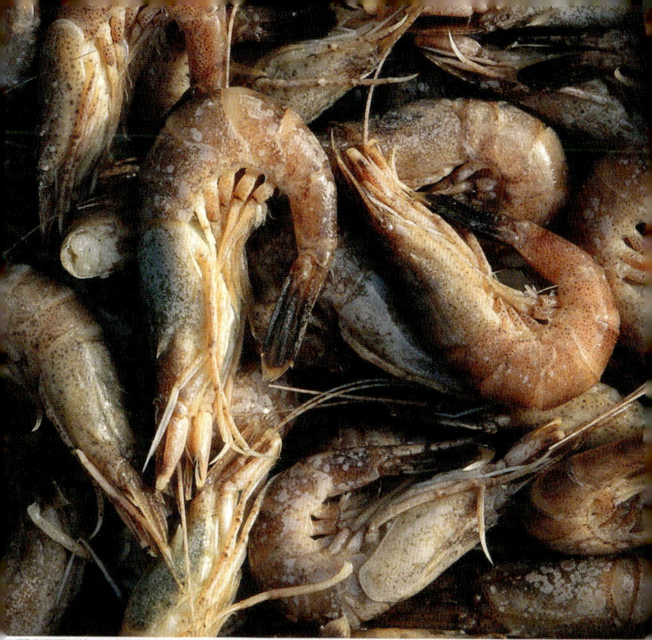
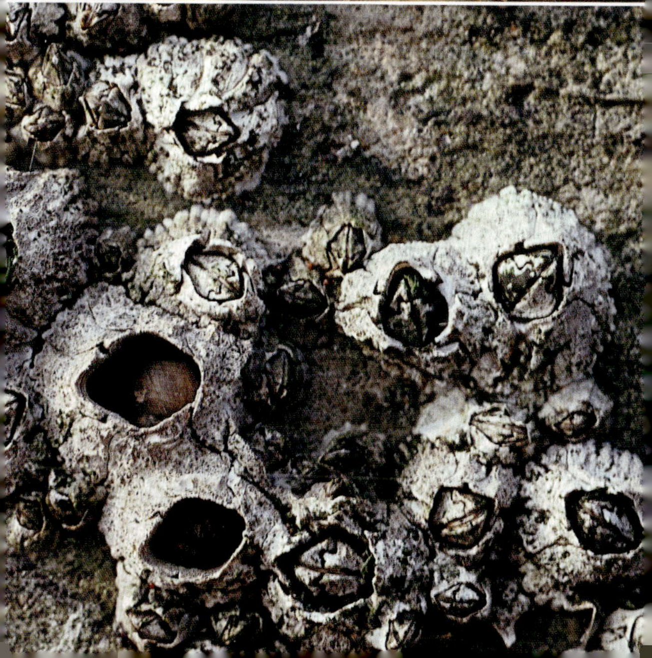

Flohkrebs
Gammarus locusta

> - ähnelt einem Floh
> - lebt auf Algen und Seegras
> - häufig paarweise

Merkmale Körper seitlich abgeflacht, ähnlich wie ein Floh. Bis zu 2,5 cm lang, dunkelgrün bis braun. **Vorkommen** Gezeitenzone und tiefer, häufig zwischen Algen und Seegras. Nordsee und Ostsee bis um die Ålandinseln. **Wissenswertes** Flohkrebse schwimmen häufig zu zweit aufeinander. Oben sitzt das etwas größere Männchen und wartet darauf, dass das Weibchen seine Schale häutet. Die Paarung kann nur direkt nach der Häutung stattfinden. Flohkrebse fressen Algen und Kleintiere und werden selbst von Bodentieren und Fischen gefressen.

Strandfloh
Talitrus saltator

> - lebt am Strand
> - kann weit springen
> - ist nachts aktiv

Merkmale Körper hell sandfarben mit dunklen Augen, bis zu 1,8 cm lang. Je ein kurzes und ein langes Antennenpaar, je drei große, nach hinten gerichtete Sprung- und Schwimmbeinpaare. **Vorkommen** Sandstrände und brackige Feuchtgebiete. Nordsee bis mittlere Ostsee. **Wissenswertes** Strandflöhe suchen nachts und in der Dämmerung im Angespül nach Nahrung. Dazu nutzen sie ihre beiden Antennenpaare. Werden sie gestört, können die Tiere mit einem Satz bis zu 30 cm weit springen. Beim Schwimmen hingegen sind sie eher unbeholfen.

Meerassel
Idotea balthica

> - ovaler, flacher Krebs
> - lebt auf und von Wasserpflanzen
> - auch im Brackwasser

Merkmale Körper oval und abgeflacht, bis zu 3 cm lang. Farbe sehr variabel, oft mit weißer Marmorierung oder mit Streifen. Das letzte Segment hat drei deutliche Spitzen. **Vorkommen** Nordsee und Ostsee bis zu den Ålandinseln. **Wissenswertes** Tagsüber sitzen Meerasseln häufig auf Algen oder Seegras und fressen Pflanzenteile. Mit den spitzen Endklauen ihrer Brustbeine können sie sich festkrallen. Nachts schwimmen sie aktiv umher. Ihre Farbe können Meerasseln dem Lebensraum anpassen, indem sich Pigmente aus dem Futter im Körperinneren verteilen.

> - wohnt in Schne-
>   ckenhäusern
> - Scheren un-
>   gleich groß
> - leben oft mit
>   Stachelpolypen

Einsiedlerkrebs
Pagurus bernhardus

Merkmale Krebs, der in einem leeren Schne-
ckenhaus lebt. Hinterkörper weich, sackartig, bis
zu 10 cm lang. Ein Paar ungleich große Scheren,
zwei Paar Laufbeine, gelb, braun und rot gezeichnet. **Vorkomm-
men** Flachwasser und tiefer auf Weich- und Hartböden, Nordsee
bis Dänische Belte und Öresund. **Wissenswertes** Einsiedlerkreb-
se leben in Schneckenhäusern, die sie bei Gefahr mit den Scheren verschließen. Während sie wachsen, müssen sie das Gehäuse
mehrfach wechseln. Große Krebse leben in Wellhornschnecken-
häusern. Diese sind häufig mit Stachelpolypen bewachsen.

> - typische
>   Krabbengestalt
> - gefräßige
>   Räuber
> - Panzerreste als
>   Strandfund

Strandkrabbe
Carcinus maenas

Merkmale Rückenpanzer etwa fünfeckig, bis
zu 8 cm breit, braungrau. Typische Krabben-
gestalt mit reduziertem Hinterleib, ein Paar
große Kneifscheren, acht Laufbeine. **Vorkommen** Weich- und
Hartböden zwischen Steinen und Algen. Nordsee bis Ostsee
westlich von Bornholm. **Wissenswertes** Strandkrabben drohen
bei Gefahr mit ihren beiden kräftigen Scheren. Sie fressen kleine
Bodentiere und werden selbst zur Beute von Fischen und See-
vögeln. Besonders schutzlos sind sie, wenn sie sich gehäutet
haben, um in einen neuen, größeren Panzer hineinzuwachsen.

> - große, kräftige
>   Scheren
> - sehr breiter
>   Panzer
> - »Knieper« wer-
>   den gegessen

Taschenkrebs
Cancer pagurus

Merkmale Panzer glatt, rotbraun, bis zu 30 cm
breit mit zwei sehr kräftigen Scheren und acht
Laufbeinen. **Vorkommen** Felsküsten, Nordsee
bis Kattegat. **Wissenswertes** Taschenkrebse verstecken sich in
Höhlen und gehen meist nachts auf Beutefang. Mit ihren großen,
kräftigen Scheren können sie auch Krebspanzer und Muschelschalen knacken. Auf der Nordseeinsel Helgoland hat sich ein
ganzer Fischereizweig dem Taschenkrebsfang verschrieben,
nachdem die großen und begehrten Hummer so selten geworden waren, dass sich ihr Fang nicht mehr lohnte.

> fünf Arme mit Saugfüßchen
> frisst Miesmuscheln
> sehr regenerationsfähig

Seestern
Asterias rubens

Merkmale Körperscheibe klein, fünf Arme mit Saugfüßchen an den Unterseiten, bis zu 25 cm groß. Körperoberfläche unregelmäßig und kurz bestachelt, orange, rotbraun bis schwarzviolett. **Vorkommen** Dauerflutzone und tiefer, auf Weich- und Hartböden aller Art. Nordsee bis Ostsee um Bornholm. **Wissenswertes** Der Seestern lebt räuberisch, seine Hauptnahrung sind Miesmuscheln. Mit seinen kräftigen Armen verdeckt er die Atemöffnungen der Muscheln, sodass ihnen die Luft ausgeht. Gleichzeitig heftet er sich mit seinen Saugfüßchen fest an die Schalenklappen und zieht die Muschel auseinander. Dann stülpt er seinen Magen ins Muschelinnere, um die Weichteile zu verdauen. Seesterne können ihren Magen außerdem flach auf dem Boden ausbreiten, um kleine Nahrungsteilchen aufzunehmen. Wird ein Seestern an einem Arm angegriffen, kann er diesen am Ansatz abschnüren und fliehen. Der fehlende Arm wächst nach einiger Zeit wieder nach.

> lange bewegliche Arme
> kommt zuweilen massenhaft vor
> manchmal am Strand zu finden

Heller Schlangenstern
Ophiura albida

Merkmale Körperscheibe bis zu 1,5 cm Durchmesser und rotbraun, Arme etwa viermal so lang mit kurzen Stacheln. Oftmals mit weißen Flecken an der Basis der Arme. **Vorkommen** Dauerflutzone und tiefer, auf Sand und Schlamm. Nordsee bis Öresund und westliche Ostsee. **Wissenswertes** Schlangensterne bewegen sich mit ihren beweglichen Armen vergleichsweise schnell. Die Arme sehen wie kleine Schlangen aus, daher der Name. Wie die Seesterne haben Schlangensterne kleine Füßchen an ihren Armen, die jedoch keine Saugnäpfe tragen. Die Tiere sind sehr empfindlich gegen Berührungen. Bei Gefahr werfen sie ihre Arme oft ab, diese werden aber wieder regeneriert. Schlangensterne kriechen über den Boden und fressen Kleinstlebewesen von der Oberfläche. Am Meeresgrund können Schlangensterne in großen Mengen vorkommen. Wenn bei Strandvorspülungen Sand aus größeren Meerestiefen angesaugt und ans Ufer gespült wird, findet man die Schlangensterne auch beim Strandspaziergang. In der Nordsee kommen verschiedene ähnliche Arten vor.

Essbarer Seeigel
Echinus esculentus

> kugelige, sta-
> chelige Schale
> läuft auf
> Wasserfüßchen
> essbar

Merkmale Schale nahezu kugelförmig, rot bis violett, bis zu 16 cm breit. Stacheln rot mit hellen Spitzen, fünf Doppelreihen von Saugnapffüßchen. **Vorkommen** Dauerflutzone und tiefer, auf Felsböden und in Algenwäldern. Nordsee bis Öresund. **Wissenswertes** Die Seeigel weiden mit ihren kräftigen Zähnen an der Körperunterseite kleine Pflanzen und Tiere vom Boden ab oder nagen an Seetang. Sie laufen und klettern auf zahlreichen prall mit Wasser gefüllten Saugfüßchen. In Südeuropa isst man die Geschlechtsorgane des Essbaren Seeigels.

Strandseeigel
Psammechinus miliaris

> flache Schale
> tarnt sich mit
> Algen und
> Muscheln
> häufiger Strand-
> fund

Merkmale Schale vergleichsweise flach, bis zu 4 cm breit, grünlich oder bräunlich, Stacheln häufig mit violetten Spitzen. **Vorkommen** Dauerflutzone und tiefer, auf Felsböden und Seetang. Nordsee bis westliche Ostsee. **Wissenswertes** Strandseeigel laufen mit ihren Saugnapffüßchen über den Boden und weiden dabei kleine Tiere und Algen vom Untergrund ab. Strandseeigel tarnen sich, indem sie Algen oder Muschelschalen mit ihren Saugfüßchen festhalten. Ihre Schalen sind robuster als die des Essbaren Seeigels und daher auch unversehrt im Angespül zu finden.

Herzseeigel
Echinocardium cordatum

> herzförmige
> Form
> bewegliche
> Stacheln
> zerbrechliche
> Schale

Merkmale Schale oval bis herzförmig, weißgrau, bis zu 9 cm lang mit dichtem bräunlichen Stachelkleid. **Vorkommen** Gezeitenzone und tiefer, in weichen Sandböden. Nordsee bis Kattegat. **Wissenswertes** Herzseeigel graben sich mit ihren beweglichen Stacheln im Boden ein. Sie bauen eine Wohnhöhle, die sie mit Schleim auskleiden, und halten über eine Röhre Kontakt zur Oberfläche. Mit ihren langen Saugfüßchen sammeln sie Nahrungsteilchen und befördern diese in den Mund. Ihre zerbrechlichen Schalen sind nur selten heil am Strand zu finden.

> ähnelt Algen-
> büschel
> Kolonien mit
> Arbeitsteilung
> nach Stürmen
> am Strand

Blättermoostierchen
Flustra foliacea

Merkmale Kolonie aufrecht wachsend, bis zu 20 cm hoch, gelblich braun, bildet gabelig verzweigte »Blätter«, daher der Name. Oberfläche durch die kästchenförmigen, mit Dornen versehenen Einzelgehäuse der Tiere (bis zu 0,5 mm groß) gleichmäßig strukturiert. **Vorkommen** Flachwasser auf felsigen Untergründen, Steinen und Muschelschalen. In strömungsreichen Gebieten mitunter in sehr dichten Beständen. Nordsee bis westliche Ostsee. **Wissenswertes** Die Kolonien der Blättermoostierchen sind leicht mit Algenbüscheln zu verwechseln. Nach Stürmen werden sie oft an die Strände gespült. Die Einzelgehäuse haben jeweils eine unverkalkte Wand. Durch diesen Deckel strecken die Moostierchen ihre Tentakelkronen aus, um Nahrungsteilchen aus dem Wasser zu filtrieren. Zwischen den »normalen« Tieren sitzen einzelne mit einem vogelschnabelartigen Deckel bewaffnete »Wehrtiere«, die verhindern, dass die Kolonien überwachsen werden.

> großflächig auf
> Seetang
> bildet netzartige
> Überzüge
> Kolonien aus
> Millionen Tieren

Flache Seerinde
Membranipora membranacea

Merkmale Kolonien bilden netzartige, weißliche Überzüge auf Seetang. Die Einzeltiere sitzen in flachen, rechteckigen, verkalkten Gehäusen und bilden eine Kolonie mit Gitterstruktur. Oberseite nur durch eine durchsichtige Membran geschützt. **Vorkommen** Dauerflutzone, auf großen Algen, selten auf Felsen. Nordsee bis westliche Ostsee. **Wissenswertes** Eine Moostierchenkolonie kann sehr großflächig werden und aus ein paar Millionen Einzeltieren bestehen, die wie Mauersteine aneinandergereiht sind. Die Kolonien der Moostierchen sprießen aus den Knospen eines einzigen Gründertiers hervor und nehmen allmählich ihre Gestalt an. Sie vermehren sich aber auch geschlechtlich: Aus den befruchteten Eiern entstehen Schwimmlarven, die sich festsetzen und neue Kolonien gründen. Häufig überzieht die Seerinde auch großen Seetang vollständig. Der Seetang wird diesen lästigen Belag nur wieder los, indem er alljährlich seine Blätter abwirft. Auch auf anderen Oberflächen – sogar auf Plastikmüll – findet man die Moostierchenkolonien.

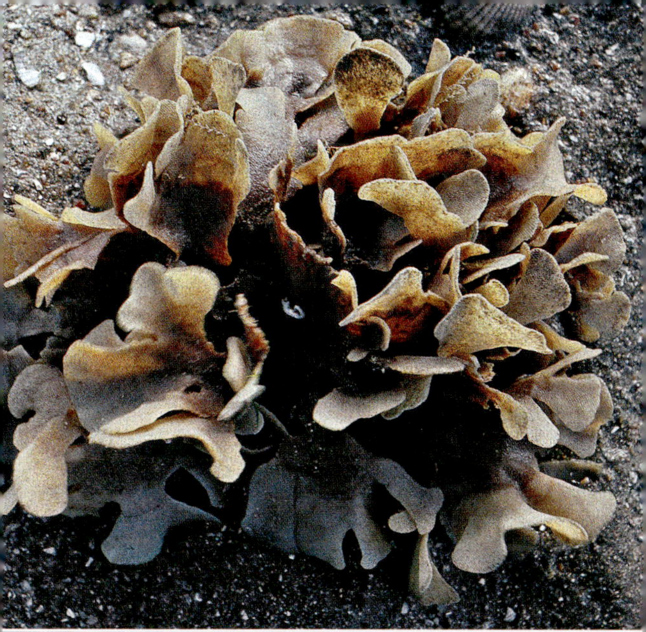

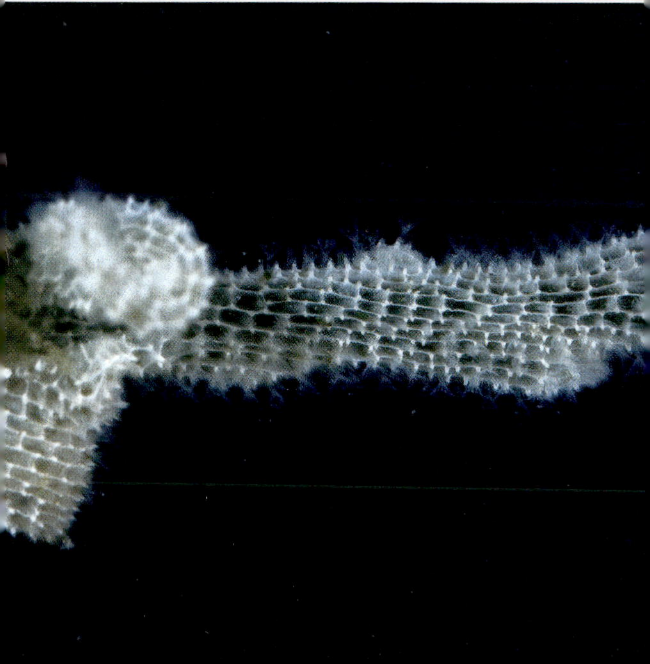

> milchig durchsichtiger Körper
> am Untergrund festgewachsen
> mit Wirbeltieren verwandt

Schlauch-Seescheide
Ciona intestinalis

Merkmale Körper aufrecht und schlank, milchig durchscheinend, innere Organe schimmern hindurch, bis zu 15 cm hoch. Ein- und Ausströmöffnung gelb eingefasst. **Vorkommen** Dauerflutzone und tiefer, auf Felsen, Algen, Muschelschalen, Schiffen und in Häfen. Nordsee bis westliche Ostsee. **Wissenswertes** Die Seescheiden haben zwei nach oben gerichtete Öffnungen. Durch die eine strömt Meerwasser ein. Es wird in einem umfangreichen Kiemendarm gefiltert. Nahrhafte Schwebeteilchen werden an den Kiemenspalten zurückgehalten, in Schleim eingebettet und verdaut. Anschließend fließt das verbrauchte Wasser durch die Ausströmöffnung wieder nach draußen. Der Körper wird von einem dicken, widerstandsfähigen »Mantel« eingehüllt. Seescheiden sind Verwandte der Wirbeltiere, der Forschung dient die Schlauch-Seescheide als »gläsernes Modell«, um die Funktion von Genen zu untersuchen, die wir mit ihnen teilen.

> lederartiger Körper
> ostasiatische Art
> durch Schiffe eingeschleppt

Ostasiatische Seescheide
Styela clava

Merkmale Körper keulenförmig mit Ein- und Ausströmöffnung und einer gestielten Haftscheibe, gelbbraun mit faltiger, lederartiger Oberfläche, bis zu 12 cm groß. **Vorkommen** Dauerflutzone auf Hafenanlagen, Schiffsrümpfen und Muschelbänken, aus Ostasien in die Nordsee eingeschleppt. **Wissenswertes** Die Ostasiatische Seescheide wurde vermutlich 1953 nach Ende des Koreakrieges auf heimkehrenden Kriegsschiffen in den Ärmelkanal eingeschleppt und hat sich in der Nordsee und im Atlantik ausgebreitet. Auch an der deutschen Nordseeküste etabliert sich diese Seescheide zunehmend, besiedelt mittlerweile nicht mehr nur Hafenanlagen und Schiffsrümpfe, sondern auch Muschelbänke. Besonders häufig und zahlreich wächst die Art in geschützten Docks im warmen Wasser, aber auch auf Unterwasseranlagen der Aquakultur. Seescheiden haben außer einigen Fischen keine Feinde. Ihre sauer schmeckende Hülle schreckt viele Fressfeinde ab. Im Wattenmeer findet man die asiatischen Seescheiden auch auf den ebenfalls aus Asien eingeschleppten Pazifischen Austern.

> flacher, rauten-
> förmiger Körper
> Skelett aus
> Knorpel
> »Nixentaschen«
> am Strand

Sternrochen
Amblyraja radiata

Merkmale Körper stark abgeflacht, Kopf, Rumpf und Brustflossen rautenförmig zusammengewachsen, mit geriffelten Dornen, bis zu 90 cm lang. **Vorkommen** Nordsee bis westliche Ostsee. **Wissenswertes** Am Strand findet man die charakteristischen schwarzen Eikapseln. Sie werden auch Nixentaschen genannt und tragen lange Haftfäden, mit denen die Eier an Algen oder Steinen befestigt werden. Die angespülten Kapseln sind meist leer, da der Embryo bereits geschlüpft ist. Der kleine Sternrochen ist noch vergleichsweise häufig, während große Rochenarten wie der Nagelrochen von der intensiven Fischerei mit ihren engmaschigen Netzen besonders betroffen und gefährdet sind. Rochen gehören wie Haie zu den Knorpelfischen. Sie haben ein leichtes Skelett aus Knorpel, ihre Flossen sind steif. Das Maul liegt als Querspalte auf der Unterseite des Körpers. Rochen haben stumpfe Mahlzähne, mit denen sie Muscheln und Schnecken zerquetschen.

> vergleichsweise
> klein
> befestigt Eikap-
> seln an Algen
> viele Haie welt-
> weit bedroht

Katzenhai
Scyliorhinus caniculus

Merkmale Körper schlank, braun gefleckt, bis zu 1 m lang, meist deutlich kleiner. **Vorkommen** Nordsee bis Kattegat. **Wissenswertes** Katzenhaie jagen am Meeresboden nach kleinen Fischen, Krebsen und Weichtieren. Ihre Zähne stehen in mehreren Reihen hintereinander im Kiefer. Sie bilden hellbraune, lang gestreckte Eikapseln, die mit langen Haftfäden an Algen befestigt werden. Nach etwa zehn Monaten schlüpfen daraus die Junghaie. Auch die Eikapseln der Katzenhaie findet man zuweilen am Strand. Ein Verwandter des Katzenhais taucht als »Schillerlocke« in den Fischtheken auf. Es handelt sich dabei um die geräucherten Bauchlappen des Dornhais *(Squalus acanthias)*. Dieser gehört in der Nordsee zu den bedrohten Arten. Heute zählen Haie und Rochen zu den am stärksten bedrohten Tiergruppen überhaupt. Jede fünfte Art steht auf der Roten Liste. Überfischte Bestände erholen sich nur sehr langsam, denn Haie und Rochen werden spät geschlechtsreif und haben nur wenige Nachkommen. Haiprodukte wie die Schillerlocken sollte man daher nicht kaufen.

> lebt vegetarisch
> südliche Art
> guter Speisefisch

Meeräsche
Chelon labrosus

Merkmale Körper lang gestreckt, torpedoförmig, bis zu 70 cm lang. Maul klein mit wulstartig vergrößerter Oberlippe. **Vorkommen** Nordsee bis zu den Dänischen Belten und Öresund. **Wissenswertes** Meeräschen breiteten sich in den letzten Jahrzehnten stetig in Richtung Norden aus. Noch in den 1960er-Jahren tauchte die Meeräsche in der Nordsee als seltener »Irrgast« auf, heute tummeln sich im Sommer sogar vor Deutschlands nördlichster Insel so viele, dass die »Sylter Meeräsche« zur regionalen Spezialität aufgestiegen ist. Ihr Fleisch ist zart, fest, sehr wohlschmeckend und gesund. Meeräschen mögen das flache warme Wasser im Wattenmeer und finden hier reichlich Algennahrung. Mit dem Klimawandel erwärmt sich auch die Nordsee und lockt neben Meeräschen auch andere südliche Arten wie Streifenbarben, Sardinen und Sardellen an. Dafür wird es manch heimischen Arten, wie dem Kabeljau, zu heiß – sie flüchten in den Norden.

> langer, dünner Fisch
> hat grüne Gräten
> springt weit aus dem Wasser

Hornhecht
Belone belone

Merkmale Körper sehr schlank, bis zu 90 cm lang. Schnabelartiges, verlängertes Maul mit zahlreichen, nadelspitzen Zähnen. **Vorkommen** Nordsee und Ostsee bis Ålandinseln. **Wissenswertes** Auch die Hornhechte sind eher in wärmeren Gefilden zu Hause. Sie jagen auf hoher See pfeilschnell hinter kleinen Fischen her. Doch im Frühjahr wandern sie zum Laichen an die Küsten und tauchen auch im Wattenmeer und in der Ostsee auf. Sie tauchen dann buchstäblich aus dem Wasser auf: Hornhechte sind Verwandte der Fliegenden Fische und können weit aus dem Wasser springen, um den hungrigen Mäulern ihrer Fressfeinde zu entkommen. Im Herbst wandern sie wieder in die Nordsee. Zerlegt man den delikaten Fisch, der geräuchert ein besonderer Leckerbissen ist, fallen vor allem seine grünen Gräten auf. Der Feinschmecker hat daran allerdings wenig Freude, da Hornhechte allzu reichlich damit gespickt sind. Dennoch werden sie im Frühsommer gerne geangelt oder mit Reusen gefangen. Ihre Eier legen die Hornhechte an Steinen oder Algen ab.

> schlanker, silbriger Fisch
> bildet große Schwärme
> MSC-Hering ist eine gute Wahl

Hering
Clupea harengus

Merkmale Körper schlank, Bauchflosse hinter dem Rückenflossenansatz. Rücken blaugrün mit violettem Schein, Seiten und Bauch silbern, bis zu 40 cm lang. **Vorkommen** Schwärme im Freiwasser. Nordsee und Ostsee bis zu den Ålandinseln. **Wissenswertes** Mithilfe ihrer reusenartigen Kiemen filtern Heringe Plankton aus dem Wasser. Sie selbst sind eine begehrte Beute für viele Raubfische, Robben und Wale. Heringsweibchen laichen bis zu 50 000 Eier ab, die im Wasser befruchtet werden. Der Heringsfang hat in Nord- und Ostsee eine lange Tradition. Das »Silber des Meers« brachte Fischer, Salzhändler und Böttcher in Lohn und Brot. In den 1960er-Jahren holte die Heringsindustrie Rekorderträge aus Nordsee und Atlantik. Anfang der 1970er-Jahre war der einst größte Heringsbestand der Welt fast völlig vernichtet. Heute gibt es nachhaltig befischte Heringsbestände, die das blaue MSC-Siegel tragen und eine gute Wahl an der Fischtheke sind.

> mit kräftigem Bartfaden
> lebt bodennah
> viele Bestände überfischt

Kabeljau, Dorsch
Gadus morhua

Merkmale Oberkiefer vorstehend, Unterkiefer mit kräftigem Bartfaden, der den Meeresboden nach Fressbarem abtastet. Oliv bis braun, dunkler marmoriert, Bauch weiß, Seitenlinie hell. Im Schnitt 60–80 cm lang und 15 kg schwer, Exemplare von 1,5 m Länge und 40 kg Gewicht sind heute selten. **Vorkommen** Nordsee und Ostsee bis zu den Ålandinseln. **Wissenswertes** Der Kabeljau lebt bodennah. Die millimetergroßen Eier schwimmen einige Wochen frei im Wasser, bis die Jungtiere schlüpfen. Der Nachwuchs braucht salz- und sauerstoffreiches Wasser, das in der Ostsee manchmal Mangelware ist. Dorsch heißt dieser Fisch, solange er unreif ist. Ist er bereit zum Laichen, wird er zum Kabeljau. Nur in der Ostsee behält er seinen »Mädchennamen« zeitlebens bei. Einst war der Atlantische Kabeljau einer der wichtigsten Meeresfische überhaupt, heute sind die Bestände stark geschrumpft. In Fischstäbchen steckt deshalb heute statt Kabeljau meist Alaska-Seelachs. Auch Seelachsprodukte gibt es aus nachhaltiger Fischerei, erkennbar an dem blauen MSC-Siegel.

> breites Maul
> Kopf mit Dornen
> lebt zwischen Algen

Seeskorpion
Myoxocephalus scorpius

Merkmale Maul breit und groß, am Kopf viele Dornen, bis zu 30 cm lang, dunkelbraun, an den Flanken helle Flecken, Unterseite viel heller. **Vorkommen** Dauerflutzone und tiefer, über bewuchsreichen Sand- und Felsböden. Nordsee und Ostsee bis zu den Ålandinseln. **Wissenswertes** In urzeitlichen Meeren waren furchterregende Seeskorpione zu Hause: meterlange, gepanzerte Gliederfüßer. Ihre Namensvettern hingegen sind kleine Fische, die höchstens so lang sind wie ein Lineal. Mit ihrem großen bedornten Kopf und den Knochenhöckern auf dem Rücken sehen sie zwar ein bisschen urzeitlich aus, aber fürchten muss man die meist im Algenwald versteckt lebenden Fische nicht. Seeskorpione sind recht gefräßig: Neben Krebsen fressen sie auch den Nachwuchs unserer Speisefische. Zur Paarungszeit bekommt das Männchen einen hochroten Bauch mit weißen Flecken. Nach der Befruchtung bewacht es den am Boden abgelegten Laichklumpen.

> plumpe Gestalt
> Saugnapf am Bauch
> Rogen ist falscher Kaviar

Seehase
Cyclopterus lumpus

Merkmale Weibchen bis zu 50 cm groß, Männchen kleiner, zur Laichzeit rotorange gefärbt. Körper plump, Bauchflossen umgewandelt zu Saugnapf. Haut schuppenlos, dick und lederartig. **Vorkommen** Nordsee und Ostsee bis zu den Ålandinseln. **Wissenswertes** Seehasen leben auf felsigem Grund und können sich am Boden festsaugen, damit sie nicht von starken Strömungen fortgespült werden. Im Frühjahr legt das Weibchen einen großen rötlichen Eiklumpen mit bis zu 200 000 Eiern am Felsgrund ab, das Männchen bewacht die Eier, bis die kaulquappenförmigen Jungtiere schlüpfen. Der Seehase liefert einen preisgünstigen Ersatz für den teuren Kaviar vom Stör. Seine kleinen, perlförmigen, rosafarbenen Eier (Rogen) werden schwarz gefärbt, mit Salz und verschiedenen Zusatzstoffen versehen und landen so im Einkaufsregal. In Deutschland steht »Deutscher Kaviar« auf dem Etikett, in Dänemark »Limfjordskaviar« und auf Island »Perles du Nord«. Das wasserreiche, gallertartige Fleisch dieses Fischs ist dagegen weniger beliebt.

> 14–17 Stacheln vor Rückenflosse
> in Küstengewässern
> vertragen Brackwasser

Seestichling
Spinachia spinachia

Merkmale Körper schlank mit 14–17 Stachelstrahlen vor der Rückenflosse, Rücken olivbraun, bis zu 20 cm lang. **Vorkommen** Nordsee und Ostsee bis zu den Ålandinseln. **Wissenswertes** Seestichlinge leben nahe der Küste in Seegraswiesen oder zwischen Algen. Wie ihre Verwandten, der Dreistachlige Stichling *(Gasterosteus aculeatus)* und der Neunstachlige Stichling *(Pungitius pungitius)* vertragen sie auch Brackwasser und sind entsprechend weit verbreitet. Stichlinge fressen Krebse, Würmer und Fischlaich und sind selbst eine begehrte Beute von Fischen und Vögeln.

> klein und sandfarben
> in Ufernähe
> viele ähnliche Arten

Strandgrundel
Pomatoschistus microps

Merkmale Bauchflossen bilden eine Saugscheibe, sandfarben mit seitlichen Flecken, bis zu 6 cm lang. **Vorkommen** Flachwasser in Ufernähe auf Sandboden. Nordsee und Ostsee bis zu den Ålandinseln. **Wissenswertes** Grundeln sind kleine unscheinbare Fischchen. Sie fressen Krebse und Würmer. Es gibt verschiedene Arten von Grundeln, die alle ähnlich aussehen. Besonders schwer auseinanderzuhalten sind Strandgrundeln und Sandgrundeln *(Pomatoschistus minutus)*. Strandgrundeln sind kleiner und haben eine ausgeprägte Vorliebe für das seichte Wasser in Strandnähe.

> aalartig schlank
> schwarze, weiß umrandete Flecken
> unecht aus Tiefseefischerei

Butterfisch
Pholis gunnellus

Merkmale Körper aalartig schlank, kleiner Kopf, bis zu 25 cm lang, grau oder braun mit schwarzen, weiß gesäumten Flecken entlang des Rückenflossensaums. **Vorkommen** Gezeitenzone und tiefer. Nordsee und Ostsee bis zu den Ålandinseln. **Wissenswertes** Butterfische laichen im Winter ihre Gelege ab und bewachen diese bis zum Schlüpfen. Seit einigen Jahren werden bei uns als »Butterfisch« verschiedene, fettreiche Fischarten vermarktet, die gar nicht zur Familie der Butterfische gehören und bei der umstrittenen Tiefseefischerei ins Netz gehen.

Scholle
Pleuronectes platessa

> - Höckerreihe hinter dem Auge
> - am Boden gut getarnt
> - beliebter Speisefisch

Merkmale Körper deutlich abgeflacht, Haut glatt mit einer Reihe knöchriger Höcker hinter dem Auge. Oberseite graubraun mit roten Flecken, Unterseite weiß. Bis zu 1 m lang, meist deutlich kleiner wegen starker Befischung. **Vorkommen** Grundfisch, häufig auf Sandboden. Nordsee bis nördliche Ostsee. **Wissenswertes** Schollen leben dicht am Meeresboden und fangen Muscheln, Krebse, Würmer und kleine Fische. Wenn die Plattfische platt auf dem Sand liegen, sind sie kaum zu entdecken. Jungschollen wachsen im warmen und vor größeren Räubern geschützten Flachwasser heran. Ähnlich sind Flunder *(Platichthys flesus)* und Kliesche *(Limanda limanda)*. Anders als diese beiden Arten fühlt sich die Scholle völlig glatt an, über ihren Kopf verläuft eine Reihe von Knochenhöckern. Schollen sind beliebte Speisefische und werden intensiv befischt. Heute werden viele kleine Tiere vor der Geschlechtsreife aus dem Meer gefischt – der Nachwuchs bleibt dann aus.

Seezunge
Solea solea

> - ovale Form
> - wertvoller Speisefisch
> - viel Beifang

Merkmale Körper oval, Oberfläche rau, bis zu 60 cm lang, im Durchschnitt 30–40 cm, graugrün bis schwarzbraun, unregelmäßig schwarz gefleckt. **Vorkommen** Grundfisch auf sandigem oder schlammigem Boden. Nordsee bis westliche Ostsee. **Wissenswertes** Die Seezunge frisst Bodentiere, die sie mit ihren Barteln am Maul ertastet. Sie gehört zu den ältesten bekannten Speisefischen, seit Jahrtausenden wird ihr zartes weißes Fleisch geschätzt. Um sie zu fangen, werden schwere Bodenschleppnetze eingesetzt, die neben den Seezungen auch jede Menge Bodentiere einsacken. Die Folge: In den Netzen befindet sich wesentlich mehr Beifang als gewünschter Fang. Auch viele Schollen sind mit dabei. Weil beide Plattfische nebeneinander am Nordseegrund leben, landen in den kleinmaschigen Seezungennetzen auch viele kleine Jungschollen, die noch gar nicht gefangen werden dürfen. Diese werden – halbtot oder tot – wieder über Bord geworfen. Der hohe Beifang ist ein weltweites Problem vieler Fischereien.

Seehund
Phoca vitulina

> - ans Wasser angepasstes Säugetier
> - jagt Fische
> - gebärt Junge auf Sandbänken

Merkmale Körper spindelförmig, Barthaare an der Nase, keine Ohrmuscheln, männliche Tiere bis zu 2 m lang. Gliedmaßen umgeformt zu Schwimmbeinen, hintere ganz am Körperende. Fell grau bis sandfarben mit dunklen Flecken, sehr dicht, durch Talg völlig wasserdicht. **Vorkommen** Sandküsten. Nordsee und westliche Ostsee. **Wissenswertes** Seehunde sind an das Wasser angepasste Säugetiere. Nur zur Geburt und zum Säugen der Jungen müssen sie das Wasser verlassen. Auch zum Ausruhen suchen die Seehunde meist Sandbänke auf, auf denen man sie beobachten kann.

Kegelrobbe
Halichoerus grypus

> - kegelförmiger Kopf
> - geschützte Art
> - Jungtiere mit weißem Fell

Merkmale Kopf kegelförmig, Gestalt ähnlich wie Seehund, variabel gefärbt, hell bis fast schwarz mit Flecken, männliche Tiere über 2 m lang. **Vorkommen** Felsküsten. Nordsee und vereinzelt Ostsee. **Wissenswertes** Kegelrobben waren früher an den Küsten des Nordatlantiks weit verbreitet. Heute gehören sie zu den gefährdeten Arten und stehen unter Naturschutz. Besonders auf und rund um Helgoland kann man die Tiere beobachten. Die Jungtiere kommen im Winter an ungestörten Stränden zur Welt und tragen im ersten Monat ein langhaariges, weißes Fell.

Schweinswal
Phocoena phocoena

> - kleinster heimischer Wal
> - häufig in Küstennähe
> - ertrinken in Fischernetzen

Merkmale Körper stromlinienförmig, Schwanzflosse waagerecht, dreieckige Rückenflosse, Oberseite dunkelbraun, Unterseite hell, bis zu 1,8 m lang. **Vorkommen** Küstengewässer. Nordsee bis westliche Ostsee. **Wissenswertes** Schweinswale jagen Fische, Krebse und Tintenfische, sie orientieren sich mit Ultraschall und lassen sich manchmal direkt vor der Küste beobachten. Wie alle Wale kommen sie an die Oberfläche, um zu atmen, und bringen ihre Jungen im Wasser zur Welt. Gefährdet werden sie durch Stellnetze, in denen sie sich verfangen und ertrinken.

Seeadler
Haliaeetus albicilla

> - größter europäischer Adler
> - gelber Schnabel, weißer Schwanz
> - Symbol für Naturschutz

Merkmale Greifvogel mit mächtigem gelben Schnabel und kurzem, weißem Schwanz. **Vorkommen** Küsten und Seenlandschaften, an Nord- und Ostsee. **Wissenswertes** Der Seeadler gilt als ein Juwel intakter, wasservogel- und fischreicher Naturlandschaften. Mit bis zu 2,5 m Flügelspannweite ist er der größte europäische Adler. Jahrhundertelange Verfolgung durch Falle, Flinte und Gift brachten den Seeadler an den Rand der Ausrottung. Heute leben wieder rund 580 Paare in der Bundesrepublik, insbesondere im Norden und an der Ostseeküste.

Kormoran
Phalacrocorax carbo

> - schwarzes Gefieder
> - gelber Schnabel mit »Haken«
> - sehr gute Taucher

Merkmale Körper plump mit kurzen, weit hinten am Körper ansetzenden Schwimmbeinen und langem, am Ende hakenförmig gebogenem Schnabel, dunkles Gefieder, gelber Schnabel. **Vorkommen** Brutvogel an Küsten, auch an der Ostsee. **Wissenswertes** Kormorane sind ausgezeichnete Taucher und jagen Fische. Ihr ungefettetes Gefieder trocknen sie anschließend, indem sie die Flügel ausbreiten. Beim Schwimmen liegt ihr Körper tief im Wasser. Da sie Fisch fressen und sich, nachdem sie fast ausgerottet waren, wieder vermehrt haben, fordern einige Fischer ihren Abschuss.

Kranich
Grus grus

> - grauer Schreitvogel
> - lange Beine
> - Rastvogel an der Ostsee

Merkmale Schreitvogel mit langem, weißem Hals und langen Beinen. Gefieder überwiegend grau, schwarz-weiß-rotes Kopfmuster. **Vorkommen** Rastvogel an der Ostseeküste, während der Zugzeit im Frühjahr und Herbst. Brütet in Kolonien in einigen Wäldern in der Nähe von flachen Meeresbuchten. **Wissenswertes** Kraniche fangen Fische, aber auch Kleinsäuger, Frösche und Würmer. An der Ostseeküste und in der Mecklenburgischen Seeplatte rasten zur Zugzeit zahlreiche Kraniche. Sie brüten in Moorgebieten, Verlandungszonen, Bruchwäldern und Sumpfgebieten.

> - schwarz-weißer
>   Strandvogel
> - roter Schnabel,
>   rote Beine
> - ruft laut und
>   eindringlich

Austernfischer
Haematopus ostralegus

Merkmale Strandvogel mit schwarz-weißem Gefieder, langem, rotem Schnabel und roten Beinen. **Vorkommen** Küstenbewohner, brüten vor allem an Sand- und Kiesstränden an Nord- und Ostseeküste. Auch auf Wiesen und Weiden in Küstennähe. **Wissenswertes** Der kontrastreiche Austernfischer mit seinen lauten Rufen ist der Charaktervogel vieler Küsten. Er stochert nach Muscheln, Schnecken, Krebsen, Würmern und Insekten. Jedes Tier bevorzugt eine eigene Taktik und die kann man an der Schnabelform erkennen. Austernfischer mit zugespitzten Pfriemschnäbeln stochern nach Würmern im Boden. Mit einem Meißelschnabel ausgerüstete Tiere stoßen blitzschnell in leicht geöffnete Muscheln und meißeln diese förmlich auf, um an das Muschelfleisch zu kommen. Vertreter vom Typ Hammerschnabel zertrümmern mit gezielten Schnabelschlägen die Schalen der Muscheln. Austern frisst der Austernfischer allerdings nicht, sie sind zu groß und zu dickschalig.

> - Federschweif
>   am Kopf
> - taumelnder
>   Balzflug
> - brütet auf
>   Wiesen

Kiebitz
Vanellus vanellus

Merkmale Körper kräftig und gedrungen mit charakteristischem Federschweif am Kopf und spitzem Schnabel. Oberseite schwarzgrün glänzend, Brust schwarz, Unterseite weiß. Im Flug breite, runde Flügel. **Vorkommen** Brutvogel auf Feuchtwiesen, in Mooren und Marschlandschaften, an der Küste häufig, im Herbst oft in großen Schwärmen. **Wissenswertes** Typisch für den Kiebitz sind sein taumelnder Balzflug im Frühjahr und sein Ruf, der wie »kiewitt« klingt und dem Kiebitz seinen Namen gegeben hat. Außerdem ist während seines Lufttanzes sein charakteristisches Flügelgeräusch deutlich zu hören. Die Vögel legen ihre Eier in eine mit Grashalmen ausgepolsterte Bodenmulde. Das Gelege wird von beiden Partnern ausgebrütet und bei Gefahr sehr heftig verteidigt. Die Eltern betreuen die Jungvögel, bis sie flügge werden. Der Kiebitz ist bei uns ein weit verbreiteter Brutvogel, er frisst Insekten, Würmer, Samen und Früchten. Die graubraunen, weißlich gefleckten Jungvögel flüchten, sobald sie nach dem Schlüpfen abgetrocknet sind, aus dem Nest.

> Hals schwarz-weiß
> Schnabel und Beine orange
> brütet an Stränden

Sandregenpfeifer
Charadrius hiaticula

Merkmale Körper gedrungen mit kurzem Schnabel. Oberkopf und Oberseite sandbraun; Unterseite weiß mit breitem, schwarzem Kropfband und weißem Halsband. Schnabel orangegelb mit schwarzer Spitze; Beine ebenfalls orangegelb. Im Flug deutliche weiße Flügelbinde. **Vorkommen** Brutvogel auf Kies- und Sandstränden an Nord- und Ostseeküste, auch während der Zugzeit im Frühjahr und Spätsommer bis Herbst nicht selten. **Wissenswertes** Die kleinen Sandregenpfeifer lassen sich an Stränden beobachten, wo sie mit sehr schnellen Schritten über den Sand »rollen« und häufig ruckartig stehen bleiben. Sie fressen Insekten, Muscheln, Schnecken und Würmer. Sandregenpfeifer legen ihre Eier in eine Sandmulde. Zwischen April und August brüten sie oft nacheinander zwei Gelege aus. Die Küken sind Nestflüchter und werden nach 25 Tagen flügge. Für eine erfolgreiche Brut und Aufzucht ihrer Jungen brauchen Sandregenpfeifer ungestörte Strandabschnitte.

> blass gefärbt
> typischer Strandvogel
> selten und gefährdet

Seeregenpfeifer
Charadrius alexandrinus

Merkmale Körper schlanker und Kopf weniger kontrastreich gefärbt als beim Sandregenpfeifer. Nur angedeutetes Halsband, Füße und Schnabel dunkel. **Vorkommen** Brutvogel auf Kies- und Sandstränden an Nord- und Ostseeküste, überwintert in Nordafrika. **Wissenswertes** Seeregenpfeifer sind selten geworden und stark gefährdet. Da die meisten Strände touristisch genutzt werden, können die Vögel nur noch in wenigen, unzugänglichen Strand- und Dünenbereichen ungestört brüten. Um den Strandvögeln zu helfen, werden mögliche Brutgebiete zeitweise eingezäunt. Mit dem Fernglas kann man den brütenden Vögeln ganz nahe sein, ohne sie zu stören. Von Mai bis Juni bebrüten beide Partner das auf dem Boden platzierte Gelege, aus dem bis zu vier Küken schlüpfen. Diese werden sieben Wochen lang von ihren Eltern geführt. Im Gegensatz zu den Sandregenpfeifern ziehen sie nur eine Brut im Jahr auf. Sie fressen Würmer, Muscheln, Schnecken und kleine Krebse. Von den Regenpfeiferarten ist der Seeregenpfeifer derjenige mit der stärksten Bindung an Salzwasser.

Alpenstrandläufer
Calidris alpina

> - häufigster Strandläufer Europas
> - große Schwärme
> - rastet im Wattenmeer

Merkmale Schnabel relativ lang, an der Spitze etwas abwärts gebogen, dunkle Beine. Männchen im Brutkleid mit großem schwarzen Bauchfleck, im Ruhekleid überwiegend braungrau. **Vorkommen** Zugvogel, rastet im Frühjahr und vor allem im Herbst in großer Zahl im Wattenmeer, brütet in der Tundra. **Wissenswertes** Der Alpenstrandläufer ist die häufigste Strandläufer-Art Europas. Bis zu einer Million Tiere rasten jedes Jahr im Herbst im Wattenmeer, um sich Energiereserven für den Weiterflug anzufressen. Im Watt stochern sie nach kleinen Bodentieren.

Zwergstrandläufer
Calidris minuta

> - kleiner Strandvogel
> - Durchzügler
> - bildet kleine Trupps

Merkmale Strandvogel mit kurzem schwarzen Schnabel und schwarzen Beinen, wirkt klein und zierlich. Männchen im Brutkleid mit rotbraun-schwarz gefleckter Oberseite und undeutlichem weißen V auf dem Rücken, im Ruhekleid Oberseite mehr grau. **Vorkommen** Durchzügler an der Küste im Spätsommer und Herbst, brütet in den arktischen Tundren, überwintert in Südeuropa und Afrika. **Wissenswertes** Der Zwergstrandläufer trippelt bei der Nahrungssuche hektisch umher und frisst Insekten, Würmer und Schnecken. Zur Zugzeit häufig in kleinen Trupps an der Küste.

Knutt
Calidris canutus

> - gedrungener Strandläufer
> - kurzer, gerader Schnabel
> - bildet dichte Schwärme

Merkmale Körper gedrungen, etwa drosselgroß mit kurzem, geradem Schnabel. Männchen im Brutkleid überwiegend rostbraun gefärbt, Oberseite kontrastreich gemustert, im Ruhekleid mit hellgrauer Ober- und weißer Unterseite. **Vorkommen** Durchzügler an der Küste im Spätsommer und Herbst, brütet in arktischen Tundren. **Wissenswertes** Knutts ziehen durch das Wattenmeer und bilden riesige, dichte Schwärme (»Wolken«), die in Bodennähe eine gestreckte, in der Höhe mehr eine ovale Form annehmen. Fressen auf dem Zug kleine Muscheln, Schnecken und Krebse.

Sanderling
Calidris alba

> kleiner, heller Strandläufer
> häufig an der Wasserkante
> trippelt in kleinen Schritten

Merkmale Körper gedrungen, ähnlich Alpenstrandläufer, Schnabel gerade und schwarz, Beine ebenfalls schwarz. Männchen im Brutkleid rostbraun mit dunkler Musterung, Bauch weiß; im Ruhekleid sehr hell, fast weiß. Im Fluge auffällige, breite weiße Flügelbinde. **Vorkommen** Durchzügler an unseren Küsten im Herbst, Brutvogel in arktischen Tundren, Wintergast in Mittel- und Westeuropa. **Wissenswertes** Sanderlinge laufen oft mit sehr schnellen Trippelschritten unmittelbar an der Wasserlinie entlang, vor den anlaufenden Wellen weichen sie landwärts aus.

Meerstrandläufer
Calidris maritima

> Durchzügler
> bevorzugt Felsküsten
> auf Steinen gut getarnt

Merkmale Körper gedrungen, größer und kurzbeiniger als Alpenstrandläufer, Schnabel schwach nach unten gebogen. Männchen im Brutkleid: Rücken schwärzlich, rostbraun und weißlich gemustert; im Ruhekleid überwiegend dunkel braungrau, Bauch hell. **Vorkommen** Wintergast in kleinen Trupps, bevorzugt steinige Küsten, auch auf Steinbuhnen oder Molen. Brütet im nördlichen Skandinavien. **Wissenswertes** Meerstrandläufer sind an unseren Küsten nur auf dem Durchzug zu beobachten, häufig zusammen mit Steinwälzern. An Felsküsten sind sie perfekt getarnt.

Steinwälzer
Arenaria interpres

> auffällig gezeichneter Strandvogel
> sucht Nahrung unter Steinen
> rastet in Trupps

Merkmale Körper kurzbeinig, etwa drosselgroß mit auffälliger Zeichnung. Männchen im Brutkleid: Oberseite schwarz, weiß und braun gescheckt, Kopf, Hals und Brust schwarz-weiß; im Ruhekleid oben dunkel, unten hell. Im Flug mit breiter, weißer Flügelbinde. **Vorkommen** Durchzügler im Sommer und Herbst, brütet an steinigen Küsten in Skandinavien. **Wissenswertes** Der Steinwälzer trägt seinen Namen zu Recht: Mit seinem leicht aufwärts gebogenen Schnabel dreht er kleine Steine und Algen um, unter denen er Muscheln, Schnecken, Krebse und Würmer sucht.

Großer Brachvogel
Numenius arquata

> - größter Watvogel Europas
> - Schnabel nach unten gebogen
> - seltener Brutvogel

Merkmale Körper groß mit langen Beinen und langem, stark abwärts gebogenem Schnabel. Braunes, dunkel geflecktes Gefieder. **Vorkommen** Wiesen, Sümpfe und Moore, auf dem Durchzug häufig im Wattenmeer. **Wissenswertes** Der Große Brachvogel ist der größte Watvogel Europas. Mit seinem langen Schnabel stochert er nach Kleintieren in Wiesen, auf Schlamm- und Wattflächen. Zur Brutzeit braucht er weiträumige Feuchtwiesen und Moorflächen. Da viele dieser Lebensräume zerstört und in Ackerland umgewandelt wurden, ist sein Bestand in Mitteleuropa stark zurückgegangen. Heute brütet er bei uns auf Mähwiesen, wo der Bruterfolg durch frühes und häufiges Mähen, Düngung und Freizeitaktivitäten gefährdet ist. Zur Zugzeit ab Ende Juli bis zum Wintereinbruch kommen zahlreiche nordische Vögel an die Küste und ins Wattenmeer. Sehr ähnlich ist der kleinere Regenbrachvogel *(Numenius phaeopus)*, der einen dunkel gestreiften Scheitel hat.

Säbelschnäbler
Recurvirostra avosetta

> - Schnabel nach oben gebogen
> - Gefieder schwarz-weiß
> - brütet in Salzwiesen

Merkmale Schnabel lang und deutlich aufwärts gebogen, kontrastreiches schwarzweißes Gefieder und lange, blaugraue Beine. **Vorkommen** Salz- und Brackwasser mit schlammigen Ufern, Brutvogel auf Salzwiesen und Stränden, auch an der Nordseeküste. **Wissenswertes** Kennzeichnend für den Säbelschnäbler ist das Seitwärts-»Säbeln« im Flachwasser bei der Nahrungssuche. Dazu streichen sie mit ihrem Schnabel in weiten Bögen flach an der Wasser- und Bodenoberfläche entlang und seihen Würmer, kleine Schnecken und Krebse aus. Ihr Nest bauen sie als Mulde zwischen Grasbüscheln und niedrigem Gestrüpp in Wassernähe, oft brüten sie in Kolonien. Aufgrund von Schutzmaßnahmen in den Salzwiesen konnten sich in den letzten Jahrzehnten wieder stabile Brutbestände an der deutschen Küste etablieren. Während der Brut und der Jungenaufzucht sind die Säbelschnäbler recht aggressiv und fliegen vehemente Scheinangriffe gegen Eindringlinge. Auch die kleinen Küken tragen bereits einen aufwärts gebogenen Schnabel.

> - Schnabel sehr lang
> - stochert tief im Wattboden
> - große Zugschwärme

Pfuhlschnepfe
Limosa lapponica

Merkmale Schnabel sehr lang und leicht aufwärts gebogen. Etwas kleiner und weniger hochbeinig als die ähnliche Uferschnepfe. Schwanz eng quer gebändert. Männchen im Brutkleid: Kopf, Brust und Bauch rostbraun. Ruhekleid überwiegend grau. **Vorkommen** Brutvogel in nordischen Sümpfen und Tundren. Regelmäßiger, in manchen Jahren recht zahlreicher Durchzügler im Wattenmeer, vor allem im Sommer und Herbst. Einige Vögel wandern sogar bis nach Südafrika. **Wissenswertes** Pfuhlschnepfen rasten auf ihrem Zugweg im Wattenmeer und sammeln sich in kleinen Trupps, manchmal aber auch zu Tausenden. Sie rasten in unmittelbarer Nähe zum Wasser und stochern auf den Schlickwatten nach Nahrung. Mit ihrem besonders langen Schnabel erbeuten Pfuhlschnepfen auch Muscheln und Würmer, die tief im Boden sitzen und für andere Arten nicht erreichbar sind. Die Weibchen haben einen deutlich längeren Schnabel als die Männchen.

> - Schnabel sehr lang und gerade
> - mit weißer Flügelbinde
> - brütet in Feuchtwiesen

Uferschnepfe
Limosa limosa

Merkmale Schnabel sehr lang und gerade. Großer, langbeiniger Watvogel, wirkt schlank und elegant. Im Flug setzen sich die weiße Flügelbinde und die weiße Schwanzbasis kontrastreich von der dunklen Oberseitenfärbung ab. Männchen im Brutkleid: Kopf und Brust rostbraun, im Ruhekleid grau statt rostbraun. **Vorkommen** Brutvogel auf Feuchtwiesen, in Küstenmarschen und Mooren in Mittel- und Osteuropa, bei uns in der Norddeutschen Tiefebene. Außerhalb der Brutzeit häufig an der Küste. **Wissenswertes** Die Uferschnepfe ist in Deutschland in ihrem Bestand bedroht, sie brütet bei uns heute vorwiegend auf Feuchtwiesen mit extensiver Nutzung. Uferschnepfen bauen im hohen Gras ein Bodennest. Das Balzverhalten der Uferschnepfen ist sehr auffällig: Mit aufgefächerten Schwanzfedern stolzieren die Männchen um die Weibchen herum und lüften dabei ihre Flügel. Mit ihrem langen Schnabel stochern sie nach Kleinkrebsen, Insekten und Kaulquappen. Die Küken schlüpfen nach ca. drei Wochen Brutzeit und flüchten sofort aus dem Nest.

> - leuchtend rote Beine
> - sitzt häufig auf Pfählen
> - brütet in Salzwiesen

Rotschenkel
Tringa totanus

Merkmale Beine lang und auffallend leuchtend rot, Schnabel ebenfalls rot mit schwarzer Spitze; Oberseite bräunlich. Im Flug erkennbar am weißen Hinterrand des Flügels, außerdem weißer Bürzel und Rücken. **Vorkommen** Brutvogel auf Wiesen und in sumpfigen Niederungen an Nord- und Ostseeküste. Auch außerhalb der Brutzeit an Flachküsten und in binnenländischen Feuchtgebieten. **Wissenswertes** An der Küste ist der Rotschenkel ein häufiger Brutvogel. Seine Eier legt er in ein Bodennest, das mit Grashalmen getarnt und gepolstert wird. Häufig sieht man Rotschenkel auf Pfählen oder anderen erhöhten Standorten sitzen und mit dem Körper wippen. Gefährdet werden Rotschenkel durch die zunehmende Entwässerung und intensive Bewirtschaftung von Grünland. Sie können ihre Jungen nicht mehr erfolgreich aufziehen. Die geschützten und unbeweideten Salzwiesen im Wattenmeer hingegen bieten den Küken eine hohe Überlebenschance.

> - helles Gefieder
> - grüne Beine
> - sucht Nahrung im Flachwasser

Grünschenkel
Tringa nebularia

Merkmale Körper sehr schlank und hochbeinig mit schmalem, langem, leicht aufwärts gebogenem Schnabel und langen grünen Beinen. Oberseite bräunlich, Unterseite weiß. Im Flug überragen die Beine den Schwanz weit. **Vorkommen** Brutvogel in feuchten Mooren und Sümpfen, auf Heideflächen und in der Tundra, jedoch immer in der Nähe von Wasser. Außerhalb der Brutzeit in kleinen Trupps oder einzeln an flachen Meeresküsten, an Fluss- und Seeufern und auf Überschwemmungswiesen. **Wissenswertes** Grünschenkel suchen ihre Nahrung häufig im flachen Wasser. Dazu rennen sie mit leicht geöffnetem Schnabel hinter kleinen Fischen her oder fangen kleine Beutetiere auf der Wasseroberfläche. Sie legen bis zu vier Eier in eine kleine Bodenmulde. Die Eier werden fast ausschließlich von den Männchen bebrütet. Die Küken sind Nestflüchter und haben unverhältnismäßig große Beine. Bis sie flügge sind, werden sie von den Eltern geführt. Ähnlich, aber an der Küste selten ist der Bruchwasserläufer *(Tringa glareola)*.

> graubraunes Gefieder
> fliegen in V-Formation
> auch halbzahm in Parks

Graugans
Anser anser

Merkmale Körper groß und kräftig, Schnabel orange, Gefieder graubraun und hell gesäumt. Im Flug an den auffallend silbergrauen Vorderkanten der Flügel zu erkennen. **Vorkommen** Brutvogel an Binnenseen und an der Küste, überwintert rund um Nord- und Ostsee. **Wissenswertes** Die Graugänse sind Zugvögel, die für gewöhnlich im Winter nach Süden ziehen. Auf ihrem Zug bilden sie eine charakteristische V-Formation. In den letzten Jahrzehnten ist die Tendenz zu beobachten, dass Graugänse immer weiter im Norden überwintern. Gebietsweise leben Graugänse ganzjährig als halbzahme Parkvögel – oft zusammen mit Kanadagänsen – mitten in Städten. Sie fressen Sumpfpflanzen, Klee, Gras und Samen. Graugänse bauen große, lockere Nester aus Pflanzenmaterial, meist nahe am Wasser. Zur Brutzeit sondern sich die Paare ab und sind dann aggressiv gegenüber Artgenossen. Die Familie hält den Herbst und den Winter über eng zusammen.

> klein und entenartig
> frisst Salzpflanzen und Seegras
> Ringelganstage auf Halligen

Ringelgans
Branta bernicla

Merkmale Gefieder dunkel mit weißem Halsring und weißem Hinterteil. Kleine und etwas entenartig wirkende Gans mit schwarzem Schnabel und schwarzen Beinen. **Vorkommen** Brutvogel auf Grönland und Spitzbergen und im nördlichen Russland. Durchzügler und Wintergast an der Küste und im Wattenmeer. **Wissenswertes** Ringelgänse sind Pflanzenfresser, die Algen, Seegras und Salzwiesenpflanzen fressen. Die Bestände sind durch Bejagung und durch das Absterben von großen Seegrasflächen stark zurückgegangen. Auf ihrer Rast fallen sie in großen Trupps über eng begrenzte Landstriche her und können zum Leidwesen der Bauern ganze Wiesen kurz fressen. Auf den Halligen im Wattenmeer gewährleistet ein besonderes Programm den Schutz der Gänse und sichert gleichzeitig den Landwirten durch Ausgleichszahlungen ihre wirtschaftliche Existenz. Die Halligen feiern die Ankunft der Gänse alljährlich im Frühjahr mit den »Ringelganstagen«. Die Region ist dadurch um eine touristische Attraktion reicher geworden.

Weißwangengans, Nonnengans
Branta leucopsis

> - weiße Wangen
> - schwarzer Hals
> - auf Salzwiesen und Feldern

Merkmale Gesicht auffallend weiß im Kontrast zu dem schwarzen Hals. Mittelgroße Gans mit kleinem schwarzen Schnabel, wirkt aus der Ferne oben schwarz und unten weiß. **Vorkommen** Brutvogel auf Grönland, Spitzbergen und in Nordrussland. Überwintert an der Nordseeküste und im Wattenmeer. **Wissenswertes** Auch Weißwangengänse leben vegetarisch. Regelmäßig rasten sie auf den Salzwiesen im Wattenmeer und fressen Quellerpflanzen und Gräser. Sie finden sich aber auch auf küstennahen Äckern und Wiesen ein. Ihre Ruheplätze liegen abseits auf Wattflächen oder Sandbänken. Weißwangengänse sind sehr gesellig, ziehen in Trupps umher und schließen sich häufig anderen Gänsearten an, beispielsweise Ringelgänsen. Sie brüten meist zu mehreren Paaren hoch im Norden auf unzugänglichen Klippen und Felsen, wo sie vor Eisfüchsen gut geschützt sind. Die Stimmen von großen Gänsescharen klingen aus der Entfernung wie das Gebell von kleinen Hunden.

Brandente, Brandgans
Tadorna tadorna

> - kontrastreiches Gefieder
> - brütet in Höhlen
> - mausert im Wattenmeer

Merkmale Gefieder sehr kontrastreich, Kopf und Hals schwarzgrün, Brust und Vorderrücken mit breiter rostroter Binde, übriger Körper schwarz-weiß. Schnabel rot, beim Männchen mit Höcker. Große Ente mit gänseartiger Gestalt. **Vorkommen** Brutvogel an Nord- und Ostseeküste, nistet in alten Kaninchenbauten, Löchern in Dämmen, unter Gebäuden, in Höhlen. **Wissenswertes** Brandenten polstern ihr Nest mit Federn und Pflanzenteilen aus. Das Weibchen bebrütet einen Monat lang die sieben bis zwölf Eier, die anschließende Aufzucht teilen sich beide Eltern. Ihre Nahrung suchen Brandenten im Sand- und Schlickwatt, wo sie vor allem Wattschnecken und Herzmuscheln fressen. Sie trampeln große Kuhlen in den Boden und fressen anschließend die freigelegten im Boden lebenden Tiere. Im Spätsommer versammeln sich rund 200 000 Brandenten im Bereich zwischen Eider und Weser, um dort zu mausern. Mehrere Wochen lang können sie nicht fliegen, sind dann besonders störungsempfindlich und auf die reichhaltige Nahrung im Wattboden angewiesen.

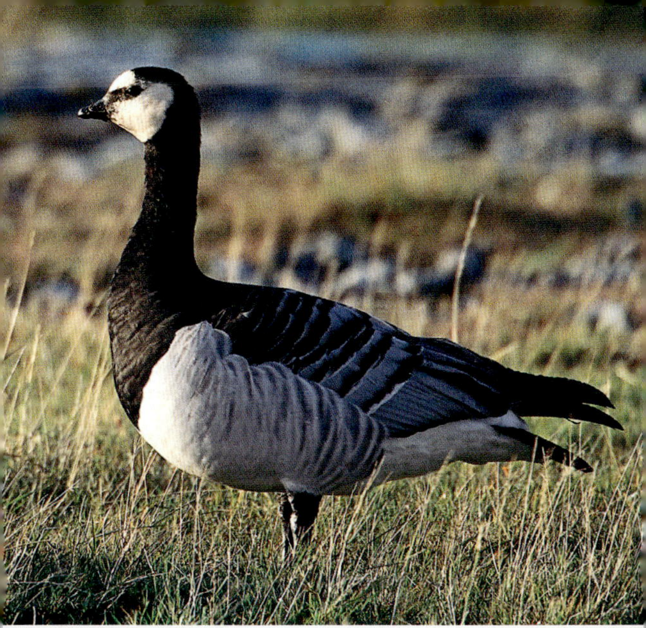

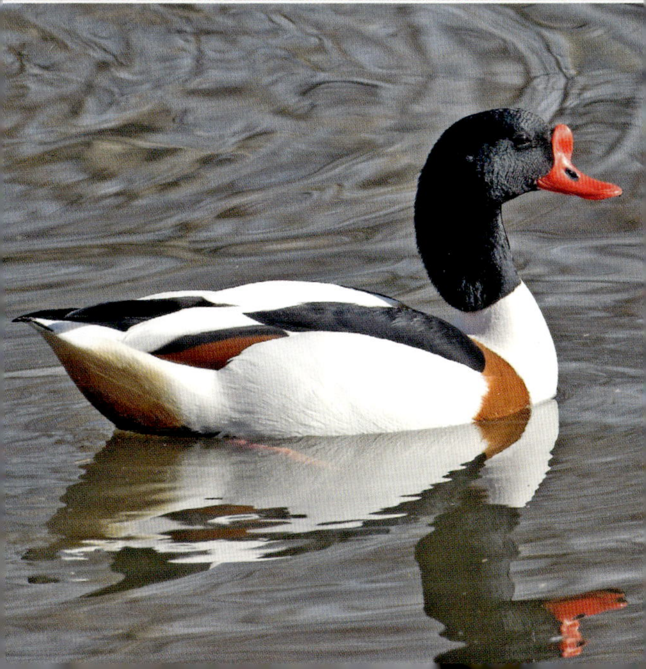

> - sehr flache Stirn
> - taucht nach Muscheln
> - Eiderdaunen für Decken

Eiderente
Somateria mollissima

Merkmale Körper groß und massig, auffallend flache Stirn. Männchen im Brutkleid kontrastreich schwarz und weiß gezeichnet, Weibchen braun mit dunkler Bänderung. **Vorkommen** Brutvogel an der Nordseeküste, an Nord- und Ostsee große Mauser- und Winterbestände. **Wissenswertes** Eiderenten können sehr gut tauchen und erbeuten unter Wasser vor allem Miesmuscheln. Dazu brauchen sie viel Energie und nehmen täglich etwa ein Drittel ihres Körpergewichts an Nahrung auf. Das Nest wird mit weichen Daunenfedern ausgepolstert, die als Deckenfüllung genutzt werden.

> - Männchen schwarz
> - Weibchen dunkelbraun
> - im Winter an Nord- und Ostsee

Samtente
Melanitta fusca

Merkmale Männchen fast schwarz mit weißem Fleck unter dem Auge und gelb-orangem Schnabel, Weibchen dunkelbraun mit zwei hellen Flecken an den Kopfseiten. **Vorkommen** Brutvogel in Skandinavien. Außerhalb der Brutzeit häufig an der Nord- und Ostseeküste als Durchzügler und Wintergast. **Wissenswertes** Samtenten tauchen nach Muscheln und anderen Bodentieren. Im Winter sieht man sie auch in Gesellschaft von Eiderenten. Ihr Nest legen Samtenten oft unter einem Baum oder Busch an, auch weiter vom Wasser entfernt, und unternehmen Rundflüge über dem Brutrevier.

> - Männchen mit langen Schwanzspießen
> - auf offener See
> - ertrinken in Stellnetzen

Eisente
Clangula hyemalis

Merkmale Männchen mit auffälligen, langen Schwanzspießen, je nach Jahreszeit sehr verschieden gefärbt, im Winterkleid weiß mit dunklen Kontrasten. Weibchen im Winter hell mit dunkler Stirn und dunklem Ohrfleck. **Vorkommen** Brutvogel in Skandinavien. Häufiger Wintergast an der Ostsee, meist küstenfern auf dem Meer. **Wissenswertes** Auf dem Meer bilden Eisenten oft riesige und dichte Scharen. Sie tauchen nach Muscheln, Schnecken, Krebsen und Würmern. Wie andere Meerenten verfangen sie sich häufig in den Stellnetzen der Fischer und ertrinken.

> sehr häufig
> oft an Häfen und Stränden
> frisst auch Abfälle

Silbermöwe
Larus argentatus

Merkmale Gefieder weiß, Flügeldecken grau mit schwarz-weißen Spitzen, Füße fleischfarben, Schnabel gelb mit rotem Punkt. Jungvögel bräunlich gefleckt und erst im dritten Jahr ausgefärbt. **Vorkommen** Brutkolonien auf Strandwiesen, in Dünen, manchmal auf Hausdächern. Ganzjährig an Nord- und Ostseeküsten. **Wissenswertes** Silbermöwen sind die häufigsten Möwen an unseren Küsten. Oft folgen sie Schiffen und fressen den Beifang, der über Bord gekippt wird. Im Winterhalbjahr suchen sie ihre Nahrung auch auf Mülldhalden. Ihr Gelege verteidigen sie vehement.

> Oberseite dunkelgrau
> ähnlich Silbermöwe
> brütet in Dünen

Heringsmöwe
Larus fuscus

Merkmale Rücken und Flügeloberseite dunkelgrau, ansonsten ähnlich wie Silbermöwe. Beine gelb, Jungvögel von Silbermöwen kaum zu unterscheiden, später wird die Oberseite dunkler. **Vorkommen** Brutvogel an flachen Küsten und auf Inseln, das ganze Jahr über anzutreffen, viel seltener als die Silbermöwe. **Wissenswertes** Heringsmöwen fressen nicht nur Fische, sondern auch Krebse, Muscheln, Mäuse, Aas, Insekten, Jungvögel und Eier. Sie suchen ihre Nahrung häufig auf offener See, selten auf Müllplätzen und sind wesentlich scheuer als die Silbermöwen.

> im Brutkleid mit braunem Kopf
> kleinste der häufigen Möwen
> auch an Parkseen

Lachmöwe
Larus ridibundus

Merkmale Männchen im Brutkleid mit schokoladenbraunem Kopf, im Ruhekleid weißer Kopf mit dunklem Ohrfleck. Kleine, schlanke Gestalt mit rotem Schnabel und roten Beinen. **Vorkommen** Brutkolonien häufig im Verlandungsbereich, im Schilf und auf kleinen Inseln. Weit verbreitet an der Küste und an Binnengewässern, auch in Großstädten. **Wissenswertes** Lachmöwen sind die häufigsten Möwen im Binnenland. Sie fressen Würmer, Insekten, kleine Fische, Krebse, aber auch Aas und Abfälle. Sie sind auch an Schutthalden, in Stadtparks und an Häfen häufig anzutreffen.

Sturmmöwe
Larus canus

> - ähnlich Silbermöwe
> - kein roter Schnabelfleck
> - brütet in Kolonien

Merkmale Aussehen ähnelt Silbermöwe, jedoch kleiner und ohne roten Schnabelfleck, Beine gelbgrün. **Vorkommen** Brutkolonien meist in Küstennähe auf Strandwiesen, Moor- und Heideflächen, in Skandinavien häufig. Ganzjährig an der Küste anzutreffen, auch an Binnenlandseen und Parkgewässern. **Wissenswertes** Sturmmöwen ernähren sich von Würmern, Insekten, Fischen, Mäusen, aber auch von Abfällen auf Müllhalden. Auch auf frisch umgepflügten Äckern kann man sie beobachten. Ihre Nester legen sie auf Böden mit niedrigem Pflanzenbewuchs an.

Zwergmöwe
Larus minutus

> - kleinste Möwe Europas
> - Durchzügler
> - fängt fliegende Insekten

Merkmale Männchen im Brutkleid mit schwarzem Kopf; im Ruhekleid mit dunklem Oberkopfmuster, Flügeloberseite grau. Flügelspitzen abgerundet; Schnabel im Sommer dunkelrot, im Winter schwärzlich. Jungvögel mit dunklem Zickzackband auf den Flügeln. **Vorkommen** Durchzügler an Nord- und Ostsee, brütet an flachen Binnenseen, in Schleswig-Holstein einzelne Brutpaare, größere Bestände in Polen. **Wissenswertes** Die Zwergmöwe ist die kleinste Möwe Europas. Ihr Flug ähnelt dem einer Seeschwalbe. Sie fängt fliegende Insekten, kleine Fische und Krebse.

Mantelmöwe
Larus marinus

> - größte Möwe an unseren Küsten
> - schwarze Flügeldecken
> - jagt anderen Vögeln Beute ab

Merkmale Rücken und Flügel schwarz, Kopf, Schwanz und Unterseite weiß, Schnabel kräftig und gelb, Beine fleischfarben. Jungvögel bräunlich. **Vorkommen** Brutvogel an felsigen und steinigen Küsten, außerhalb der Brutzeit an Flachküsten, an Nord- und Ostseeküste ganzjährig anzutreffen. **Wissenswertes** Mantelmöwen sind die größten Möwen an unseren Küsten. Sie jagen häufig anderen Vögeln die Beute ab, überwältigen Seevögel und deren Junge, aber auch Kaninchen und Mäuse. Auch auf Müllplätzen sind sie anzutreffen. Mantelmöwen brüten in kleinen Gruppen.

Brandseeschwalbe
Sterna sandvicensis

> - unsere größte Seeschwalbe
> - struppiger schwarzer Kopf
> - taucht nach Fischen

Merkmale Schnabel lang und schwarz mit gelber Spitze, Beine kurz und schwarz, Kopfhaube ebenfalls schwarz und struppig. **Vorkommen** Brutkolonien auf Sand- und Kiesbänken, besonders auf Vogelschutzinseln. Außerhalb der Brutzeit in fischreichen Küstengewässern. **Wissenswertes** Brandseeschwalben sind die größten Seeschwalben an unseren Küsten. Sie stürzen sich senkrecht ins Meer, um kleine Fische zu fangen. Zur Brutzeit bilden sie dichte Kolonien. Während der auffälligen Balz recken sie ihre Köpfe, lüften ihre Flügel und überreichen kleine Fische.

Küstenseeschwalbe
Sterna paradisaea

> - roter Schnabel
> - extrem weite Zugwege
> - verteidigt Küken aggressiv

Merkmale Körper sehr schlank, Flügel lang und spitz ausgezogen, Schwanz tief gegabelt. Gefieder überwiegend weiß, Flügeldecken grau, Kopf schwarz, Schnabel und Beine rot. **Vorkommen** Brutkolonien auf Sand- und Kiesstränden, mehrere große Kolonien an der Nordseeküste, an der Ostseeküste seltener. **Wissenswertes** Auf ihrem Zug bewältigen Küstenseeschwalben riesige Entfernungen, europäische Vögel ziehen bis in die Antarktis und legen dabei jährlich über 20 000 Kilometer zurück. Ihre Brut verteidigen sie vehement, auch gegenüber Menschen.

Zwergseeschwalbe
Sterna albifrons

> - kleinste Seeschwalbe
> - brütet an Sandstränden
> - bedrohte Art

Merkmale Schnabel gelb mit schwarzer Spitze, Beine gelb, Gefieder überwiegend weiß mit schwarzer Kopfkappe und grauen Flügeldecken. **Vorkommen** Brutvogel an Sand- und Kiesstränden. Zur Zugzeit im Frühjahr und Herbst an der ganzen Küste, nie in größerer Zahl. **Wissenswertes** Zwergseeschwalben sind die kleinsten Seeschwalben Europas. An unseren Küsten ist ihr Brutbestand akut bedroht, da die meisten Sandstrände touristisch genutzt werden und nicht mehr als Brutplatz zur Verfügung stehen. Abhilfe schaffen lokal und zeitlich begrenzt abgesperrte Schutzgebiete.

Strandaster
Aster tripolium

> - Blüten gelb und violett
> - auf Salzwiesen
> - speichert Salz in Blättern

Merkmale Stängel aufrecht, oft rot überlaufen, bis zu 60 cm hoch. Blätter ungeteilt, oval bis lanzettförmig mit glattem Rand. Blütenköpfchen in großer Zahl in lockerer Doldentraube. Scheibenblüten gelb, Strahlblüten lilablau. Zweijährig, blüht von Juli bis September. **Vorkommen** Nord- und Ostseeküste, auf Salzwiesen, an Priel- und Grabenrändern, in Strandröhrichten. **Wissenswertes** Strandastern bilden im Spätsommer ein prachtvolles Blütenmeer in den Salzwiesen. Doch oft werden die Astern durch Weidevieh sehr kurz gehalten und sind dann kaum mehr zu erkennen.

Strandkamille
Tripleurospermum maritimum

> - blüht üppig
> - wächst am Strand
> - duftet kaum

Merkmale Stängel liegend, nur an den Enden aufsteigend, verzweigt, bis zu 30 cm hoch mit dickfleischigen, mehrfach geteilten Blättern. Blütenköpfe mit goldgelben Röhrenblüten und weißen Randblüten. Blüht reich von Juli bis Oktober. **Vorkommen** Strandflächen und Spülsäume, meeresnahe Geröllflächen. An den Nordseeküsten häufig, an den Ostseeküsten weniger. **Wissenswertes** Im Unterschied zu den verschiedenen Kamille-Arten im Binnenland kann die Strandkamille auf salzhaltigen Böden wachsen. Sie blüht sehr auffällig und üppig und riecht kaum.

Strandbeifuß, Strandwermut
Artemisia maritima

> - auffällig silbrig-hell
> - verbreitet an Prielrändern
> - duftet intensiv und aromatisch

Merkmale Stängel aufrecht, fest und verzweigt, bis zu 60 cm hoch, Blätter gefiedert, Blütenköpfe aus kleinen, grüngelben Röhrenblüten, blüht von Juli bis Oktober. Die ganze Pflanze ist mit einem silbrig-hellen Filz bedeckt, der vor Verdunstung schützt. **Vorkommen** Salzpflanze an Priel- und Grabenrändern und in Salzwiesen, weit verbreitet an den Küsten. **Wissenswertes** Der Strandwermut enthält ätherisches Öl und riecht stark aromatisch. Er ist eng mit dem Wermut (Absinth) verwandt und wurde früher auch als Heil- und Aromapflanze verwendet.

> blaue Blüten-
  köpfchen
> in Dünen
> wächst auch in
  den Bergen

Sandglöckchen
Jasione montana

Merkmale Pflanze klein und außerhalb der Blütezeit sehr unauffällig, Stängel bis zu 30 cm hoch, aufrecht, Blätter behaart und schmal-lanzettförmig. Blütenköpfchen bis zu 2 cm breit und auffällig tiefblau, blüht von Juni bis August. **Vorkommen** Dünen an den Nord- und Ostseeküsten, in Dünenkiefernwäldern auf Sandtrockenrasen. **Wissenswertes** Das Sandglöckchen wächst auf sehr nährstoffarmen Böden und kommt auch fernab der Küste auf magerem Sandrasen und auf trockenen, kalkarmen Böden in den Bergen vor. Es gehört zu den Glockenblumengewächsen.

> rosarote Blüten
  in Etagen
> seltene Art
> geschützt

Strand-Tausendgüldenkraut
Centaurium littorale

Merkmale Stängel aufrecht mit wenigen Blättern, bis zu 20 cm hoch, die unteren Blätter bilden eine Rosette. Die weiß-rosa bis rot gefärbten Blüten sitzen in mehreren Etagen auf unterschiedlichen Höhen und öffnen sich nur bei vollem Sonnenschein. **Vorkommen** Salzwiesen, Strandwiesen und Dünen an Nord- und Ostsee. **Wissenswertes** Das kleine, aber dekorative Strand-Tausendgüldenkraut ist eine seltene und geschützte Art. Es gehört zu den Enziangewächsen. Die Pflanze bevorzugt sonnige, aber feuchte und salzhaltige Standorte mit Sand- oder Kiesboden.

> rosa Blüten-
  köpfe
> auf Salzwiesen
> Drüsen scheiden
  Salz aus

Strand-Grasnelke
Armeria maritima

Merkmale Pflanze sehr formenreich mit ungeteilten, grasartigen Blättern, bis zu 40 cm hoch. Die rosafarbenen Blüten sitzen in lockeren Köpfen und sind von Hüllblättern umgeben. Die mehrjährige Pflanze blüht lange von Mai bis November. **Vorkommen** Salzwiesen und Weiden vor den Deichen, an der Nordsee häufig, im Ostseeraum seltener. **Wissenswertes** Die Strand-Grasnelke gedeiht auch an salzreichen Standorten und scheidet das Salz durch Drüsen auf den Blättern wieder aus. Besonders im Frühsommer prägen die vielen leuchtenden Blüten dieser Art die Küste.

> Flieder der Salzwiesen
> durch Pflücken gefährdet
> geschützte Art

Strandflieder
Limonium vulgare

Merkmale Staude mit bodennaher Blattrosette und aufrechten Stängeln, bis zu 50 cm hoch. Auffällige Blüten mit violetten bis blassblauen Kronen, seltener auch weiß, die zahlreich in Doldenrispen angeordnet sind. Die Blätter sind ziemlich derb, oval mit einer Stachelspitze. Die mehrjährige Pflanze blüht von August bis September. **Vorkommen** Salzwiesen zwischen Andelgras und Grasnelkenwiese, an der Nordseeküste und der westlichen Ostsee. **Wissenswertes** Die prachtvollen Blüten des Strandflieders laden zum Mitnehmen ein, daher ist diese Art gebietsweise selten geworden. Der Strandflieder steht unter Naturschutz und darf nicht gepflückt werden. Die großen Blätter dieser Pflanze besitzen besondere Drüsen, die überschüssiges Salz wieder ausscheiden können. Alle Pflanzen, die auf den vom Meerwasser geprägten Salzwiesen wachsen, haben Mechanismen entwickelt, um das in hoher Konzentration giftige Salz wieder loszuwerden.

> kriechender Wuchs
> Frühlingsblüher
> verbreitet in Salzwiesen

Milchkraut
Glaux maritima

Merkmale Kraut mit liegenden Stängeln und vielen kleinen, dicklichen und glänzenden Blättern. Nur etwa 3 cm hoch, bei starker Beweidung noch niedriger. In den Blattachseln sitzen kleine rosaweiße Blüten. Die mehrjährige Salzpflanze blüht von Mai bis Juli. **Vorkommen** Salzwiesen des Marschlands, an der Nordsee und der gesamten Ostsee. **Wissenswertes** Der Name des Milchkrauts geht auf den Irrglauben zurück, es würde als Viehfutter die Milchleistung erhöhen. Die Pflanze gehört zur Familie der Primelgewächse und blüht schon im Frühling. Das Milchkraut wächst auch in den Bereichen der Salzwiese, die häufiger vom Meerwasser überspült werden und daher sehr salzhaltig sind. Es kann mit seinen fast teppichartig kriechenden Trieben den weichen, salzigen Boden gut befestigen und stabilisieren. Durch seine Salzdrüsen kann es über die Hälfte des überschüssigen Salzes wieder ausscheiden, der Rest wird in der Pflanze zwischengelagert und im Herbst mit den welken Blättern entsorgt. Wurzelknollen überwintern im Boden.

Krähenbeere
Empetrum nigrum

> - Zwergstrauch in den Dünen
> - essbare schwarze Beeren
> - nadelartige Blätter

Merkmale Zwergstrauch mit meist aufrechten Stängeln, bis zu 45 cm hoch. Blätter nadelartig, dunkelgrün und glänzend, Blüten unscheinbar, rosa oder purpurn, Beeren kugelig, schwarz. Die mehrjährige Pflanze blüht von April bis Mai. **Vorkommen** Dünen und Heidegesellschaften an Nord- und Ostsee. **Wissenswertes** Krähen, aber auch andere Vogelarten wie Möwen fressen die schwarzen Beeren der Krähenbeere, scheiden die Samen mit dem Kot wieder aus und sorgen so für die Verbreitung. Man findet die violetten Kothäufchen am Strand und in Dünen.

Besenheide
Calluna vulgaris

> - typisch für Heidelandschaften
> - purpurfarbene Blütentrauben
> - Futterpflanze für Bienen

Merkmale Zwergstrauch mit kleinen, nadelförmigen Blättern. Die purpurn gefärbten Blüten sind zu Trauben zusammengefasst. Heidekraut blüht üppig von Juli bis September. **Vorkommen** Küstenheiden, trockene Wälder, Heiden, Moore. **Wissenswertes** Die Besenheide wächst bevorzugt auf trockenen, nährstoffarmen Böden, vom Flachland bis in Höhenlagen von 2700 m. Die küstennahen Heidelandschaften bilden im Spätsommer ein duftendes Blütenmeer. Außerdem ist die Besenheide eine wichtige Futterpflanze für Bienen und zahlreiche Schmetterlingsarten.

Glockenheide
Erica tetralix

> - glockenförmige Blüten
> - winzige, graugrüne Blätter
> - auch im Binnenland

Merkmale Zwergstrauch mit liegenden oder aufrechten Stängeln und kleinen, graugrünen nadelförmigen Blättern, bis zu 50 cm hoch. Die glockenförmigen Blüten sind hellrosa und nach dem Abblühen rostbraun gefärbt. **Vorkommen** Dünenlandschaften, bevorzugt an feuchteren Stellen. **Wissenswertes** Die Glockenheide kommt auch im Binnenland vor. Dort wächst sie in Mooren und Feuchtheiden. An vielen Standorten ist sie durch Entwässerung, Überdüngung oder Aufforstung gefährdet. Größere Bestände finden sich oftmals nur noch in Naturschutzgebieten.

Salzmiere
Honkenya peploides

Merkmale Stängel liegend mit aufrechten Seitenästen und dicht sitzenden, oval-spitzen Blättern, meist gelbgrün, ziemlich fest, dickfleischig, bis zu 30 cm hoch. Unscheinbare Blüten mit fünf weißen Kronblättern. **Vorkommen** Spülsäume und strandnahe Dünen, auf feuchtem Sand, an Nord- und Ostseeküste. **Wissenswertes** Die Salzmiere verträgt salzreichen Boden und kann daher dicht am Meer wachsen. Das in dem dickfleischigen Gewebe gespeicherte Salz kann man deutlich schmecken. Die niedrig wachsende Pflanze ist so widerstandsfähig, dass sie das Leben in der bewegten Strandzone erträgt. Auch wenn sie durch den Wind übersandet wird, macht das der Salzmiere nichts aus: Sie bildet ein umfangreiches Wurzelsystem aus und sendet neue Stängel nach oben, wenn sie unter dem Sand begraben wird. Daher ist sie am Strand häufig und ein konkurrenzstarker Spezialist. Die Bestäubung erfolgt durch Flugsand, der die Pollen von Blüte zu Blüte trägt.

Queller
Salicornia europaea

Merkmale Stängel verdickt und drehrund, scheinbar blattlos, aus gegliederten Abschnitten bestehend, dunkelgrün oder gelblich bis purpurrot. Blätter zu winzigen Schuppengebilden rückgebildet. Blüten einfach und sehr unscheinbar. **Vorkommen** Pionierpflanze in der Verlandungszone auf Salzböden, Charakterpflanze in Wattgebieten. Nordsee und Ostsee, besonders im westlichen Teil. **Wissenswertes** Der Queller kennzeichnet den Verlandungsbereich des Watts und schließt landwärts an die Seegraswiesen an. Er verträgt es, vom Salzwasser überflutet zu werden, und wirkt als Schlickfänger. Über fünfhundert Mal im Jahr steht diese Pionierpflanze bei Flut unter Wasser und bremst die Strömung. Daher fördert der Queller die Landgewinnung und spielt eine wichtige Rolle im Küstenschutz. Ab Spätsommer nehmen die Pflanzen eine prächtige Rotfärbung an. Die Bestäubung erfolgt unter Wasser durch Schwimmpollen. Queller ist essbar und wohlschmeckend. Er wird blanchiert, kurz angebraten oder roh verzehrt.

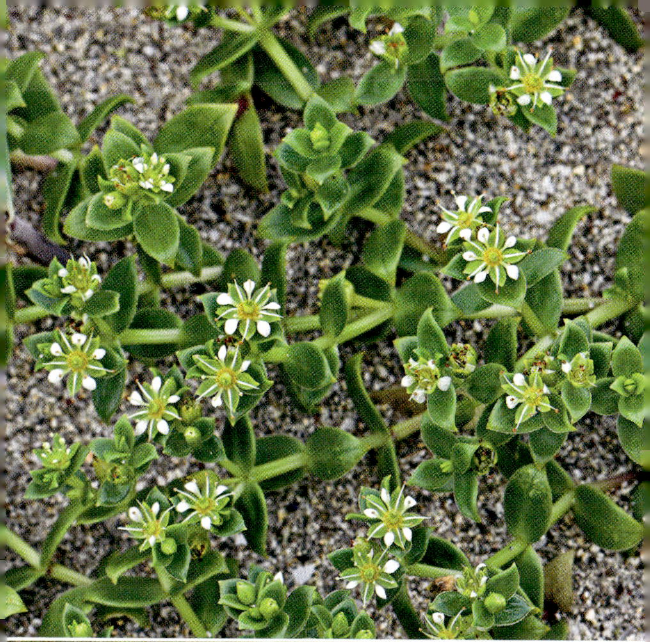

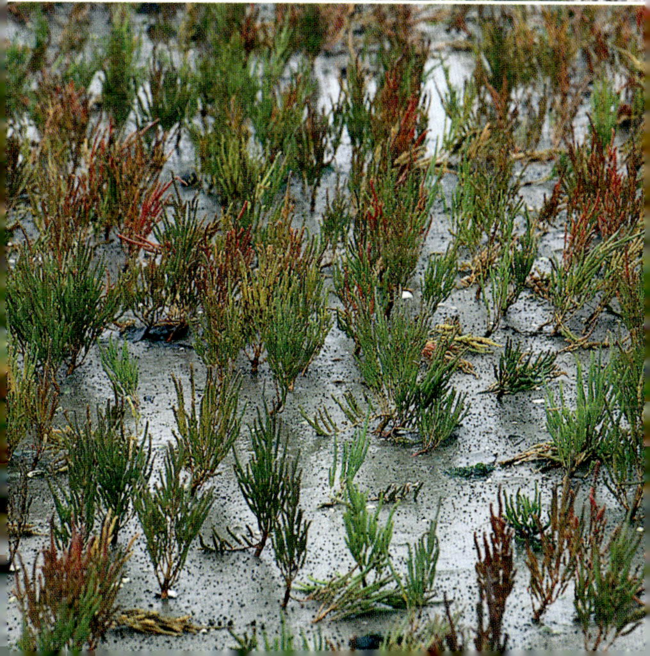

> - verholzter Halbstrauch
> - bis zu 1 m hoch
> - an Prielen und Gräben

Salzmelde
Halimione portulacoides

Merkmale Halbstrauch mit verholzter Basis, viele kräftige Äste mit derben, dicklichen, länglichen Blättern, graugrün, bis zu 1 m hoch. Blüten klein und unauffällig in kleinen Trauben, blühen von Juli bis September. **Vorkommen** Schlickböden, besonders entlang von Prielrändern und Entwässerungsgräben an der Nordsee. Fehlt im Bereich der Ostsee weitgehend. **Wissenswertes** Die Salzmelde ist die einzige Holzpflanze in der Gezeitenzone unserer Küsten. Anders in den Tropen: Dort wachsen Mangrovenbäume im Verlandungsbereich und bilden richtige Wälder. Die Salzmelde pumpt das über die Wurzeln aufgenommene Salz in kleine Haare auf der Blattoberfläche. Diese sterben ab und das Salz wird so aus der Pflanze entfernt. Die Pflanze ist ein gutes Viehfutter, wird aber auch durch starkes Beweiden geschädigt. Die Salzmelde wird auch Portulak-Keilmelde genannt, weil der Geschmack ihrer Blätter an die Gemüsepflanze Portulak erinnert.

> - distelartiges Aussehen
> - blaue Blütenköpfe
> - streng geschützt

Stranddistel
Eryngium maritimum

Merkmale Pflanze auffällig weißlich grau bis blauviolett überlaufen, stark verzweigt, oft halbkugeliger Busch, bis zu 70 cm hoch. Blätter steif, distelartig, stachelig. Grundblätter deutlich gestielt, Stängelblätter umfassen den Stängel. Die blauen Blüten sind zu vielen kugeligen Köpfen zusammengefasst und von Hüllblättern umgeben. Blütezeit Juni bis August. **Vorkommen** Charakterpflanze in den Dünen, oft im Saum von Strandhafer oder Strandroggen, Nordsee und Ostsee. **Wissenswertes** Weil sie eine attraktive Zierblume ist, wurde die Stranddistel so viel gepflückt, dass sie vielerorts fast ausgerottet wurde. Die seltene Strandpflanze ist daher heute streng geschützt und darf nicht ausgegraben oder abgeschnitten werden. Mit den Disteln am Wegesrand oder auf Äckern ist die Stranddistel nicht verwandt. Die vergleichsweise harten Stängel, Blätter und Blüten sind unempfindlich gegen Flugsand, der an der Küste wie ein Sandstrahlgebläse wirken kann. Das distelartige Aussehen ist also eine Anpassung an den extremen Standort.

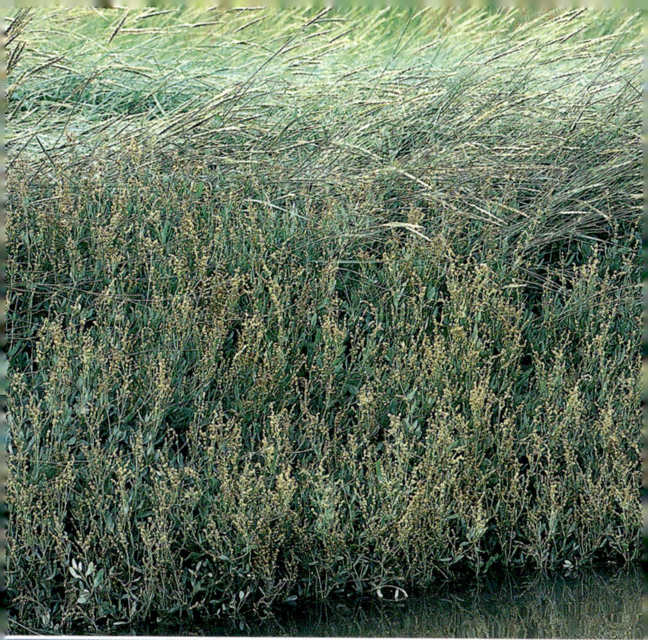
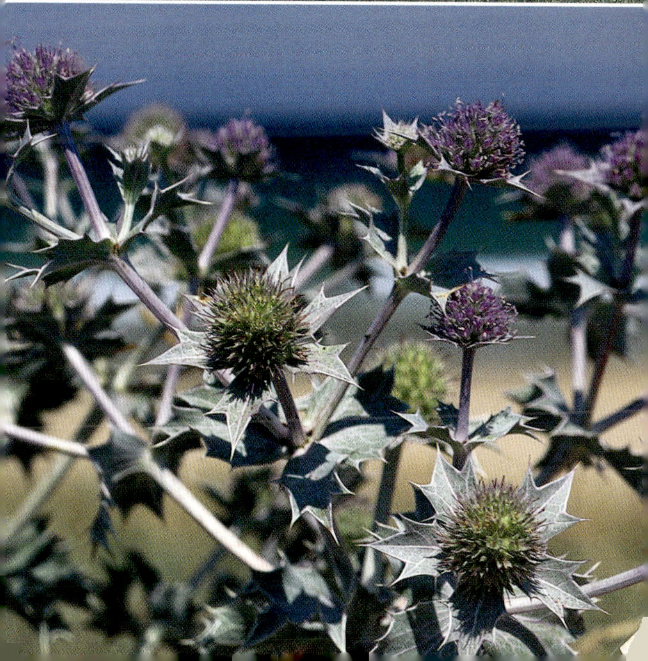

> mehrfarbige Blüten
> Einzelpflanzen klein
> wächst auf Sand

Sand-Stiefmütterchen
Viola tricolor

Merkmale Blätter mit gesägtem Rand, Form des Blattumrisses variiert, Blüten bis zu 2 cm groß mit einem 4 mm langen Sporn. Kronblätter blauviolett, die oberen immer dunkler als die unteren, Blütenmitte gelb, Blütezeit Mai bis September, ein- bis mehrjährig. **Vorkommen** Dünen, Sandflächen an den Küsten von Nord- und Ostsee. **Wissenswertes** Das Sand-Stiefmütterchen ist eine eigene Form innerhalb des Wilden Stiefmütterchens. Diese Art wächst auf Wiesen, an Wegrändern und auf Brachflächen und bildet verschiedene Formen mit unterschiedlichen Verbreitungsschwerpunkten. Als Zier- und Heilpflanze wird das Wilde Stiefmütterchen seit dem Mittelalter kultiviert. Aus zahlreichen Kreuzungen der Wildform mit anderen Arten und gezielte Züchtung sind die Gartenstiefmütterchen entstanden, von denen es heute eine große Auswahl an Farben und Formen gibt. Stiefmütterchen gehören zur Familie der Veilchengewächse.

> dorniger Strauch
> Früchte reich an Vitamin C
> in Dünengebieten

Sanddorn
Hippophae rhamnoides

Merkmale Strauch oder kleiner Baum, bis zu 6 m hoch. Zweige mit kräftigen Dornen, junge Zweige silbergrau, ältere dunkel rotbraun. Blätter schmal-lanzettförmig, Oberseite graugrün, Unterseite silbrig weiß. Blüten unscheinbar in kurzen dichten Ähren, Früchte leuchtend orange. Mehrjährig, blüht von März bis Mai. **Vorkommen** Dünengebiete an Nord- und Ostseeküste, häufig auch angepflanzt. **Wissenswertes** Der Sanddorn ist windbeständig, erträgt salzhaltige Böden und hat ein weit und tief reichendes Wurzelsystem. Er wird daher zur Bodenbefestigung sandiger Standorte eingesetzt. Als Pionierpflanze baut der Sanddorn mithilfe von Pilzen, die mit ihm in Symbiose leben, langsam den Humusgehalt im Boden auf. Eine Sanddornhecke entwickelt dichtes Astwerk und dient zahlreichen Vögeln als Nistgehölz und Unterschlupf. Die Beeren des Sanddorns sind essbar und reich an Vitamin C. Sanddorn wird heute in einer breiten Produktpalette angeboten. Dazu gehören Marmeladen, Tees, Bonbons und Pralinen ebenso wie Körperpflegemittel.

> stacheliger
  Strauch
> essbare Hage-
  butten
> eingeschleppte
  Art

Runzelrose
Rosa rugosa

Merkmale Strauch mit kräftigen Zweigen, dicht mit geraden, langen Stacheln besetzt, bis zu 2 m hoch. Blätter dunkelgrün, Oberseite leicht glänzend. Blüten meist einzeln, groß, duftend, mit rosaroten oder weißen Kronblättern. Die Früchte sind große, kugelige Hagebutten. Mehrjährig, blüht von Mai bis Juni. **Vorkommen** Einwanderer, aber schon lange im Küstenbereich der Nord- und Ostsee angepflanzt und vielfach verwildert. **Wissenswertes** Diese Strauchrose stammt ursprünglich aus Ostasien, wird aber schon lange bei uns angepflanzt und verträgt auch das windige Küstenklima sehr gut. Daher wird sie häufig auf den steinernen »Friesenwällen« rund um die Wohnhäuser angepflanzt. Da die Runzelrose leicht verwildert, breitet sie sich auch in den Dünengebieten zunehmend aus und wird zum ökologischen Problem, da sie heimische Arten verdrängt. Die Hagebutten sind essbar und werden z. B. zur Marmeladenherstellung genutzt.

> große creme-
  weiße Blüten
> seltene und
  geschützte Art
> verdrängt durch
  Runzelrose

Dünenrose
Rosa pimpinellifolia

Merkmale Strauch mit dünnen, gebogenen und bestachelten Zweigen, bis zu 70 cm hoch, wesentlich kleiner und unauffälliger als die Runzelrose. Blätter dunkelgrün aus kleinen rundlichen Fiedern, Blüten verhältnismäßig groß, mit cremeweißen Kronblättern, Hagebutten tiefschwarz, blüht von Mai bis Juni. **Vorkommen** Dünengebiete, vor allem auf den Nordseeinseln, auch im Binnenland auf Magerrasen, dort jedoch selten. **Wissenswertes** Die Dünenrose gehört zu den seltenen und besonders schützenswerten Küstenpflanzen. Sie kann viele Meter lange Wurzelausläufer bilden und tritt daher oft in Kolonien auf. Außerdem befestigt sie mit ihren verzweigten Ausläufern den Boden. Die Dünenrose wird an ihren Standorten häufig von schneller wachsenden Wildrosenarten verdrängt, an der Küste vor allem von der eingeschleppten Runzelrose. Diese Art, die auch unter dem Namen Bibernellrose bekannt ist, gehört zu den ältesten Rosen, die in Europa und Asien kultiviert werden. Seit dem 16. Jahrhundert wird sie bei uns als Zierpflanze kultiviert.

Meersenf
Cakile maritima

> - wächst am Strand
> - dickfleischige Blätter
> - senfartiger Geschmack

Merkmale Stängel weit ausgebreitet oder aufrecht, graugrün, kahl, bis zu 50 cm hoch. Blätter dicklich, ungeteilt oder fiederteilig. Blüten mit großen, weißen oder violetten Kronblättern, zu mehreren in Blütenständen, die sich zur Fruchtzeit verlängern. Die Frucht ist eine zweigliedrige Schote. Die einjährige Pflanze blüht von Juli bis Oktober. **Vorkommen** Typische Art an Spülsäumen und Stränden (salzige Sandböden), Nord- und Ostsee. **Wissenswertes** Der Meersenf ist eine echte Pionierpflanze auf salzreichen Sandböden, er erträgt auch Übersandung und bildet oft massenhafte Bestände, die wunderschön blühen. Seine Schoten enthalten Luftkammern, sodass sie schwimmfähig sind und sich über das Wasser am Spülsaum verbreiten können. Der Meersenf gehört zur Familie der Kreuzblütler, die auch den echten Senf sowie viele Kohlarten und andere Nutzpflanzen umfasst. Seinen Namen hat der Meersenf von seinem senfartigen Geschmack.

Strand-Dreizack
Triglochin maritimum

> - grasähnliches Aussehen
> - wächst auf Salzwiesen
> - riecht nach Chlor

Merkmale Salzpflanze, bildet einzelne Horste, mitunter rasenartige Bestände, bis zu 60 cm hoch. Die Blätter sind grasartig, schmal und derb, die Blüten sitzen zahlreich in dichten Trauben, sie sind gestielt und unscheinbar grünlich. Die mehrjährige Art blüht von Juni bis August. **Vorkommen** Salzwiesen an Nord- und Ostsee, im Binnenland selten, nur auf Binnensalzwiesen oder -röhrichten. **Wissenswertes** Der Strand-Dreizack breitet sich durch Samen und Ausläufer aus. Auf feuchten und salzigen Standorten kann er große Bestände bilden. Auf der Roten Liste der Gefäßpflanzen von Deutschland wird er als gefährdet eingestuft. Der Strand-Dreizack verströmt, wenn man ihn zerreibt, einen charakteristischen würzigen Geruch. Der Geschmack seiner Blätter erinnert an frischen Koriander. Früher wurde er zur Sodagewinnung genutzt und als Gemüse gegessen. Für das Vieh jedoch ist er in großen Mengen giftig. Seinen Namen verdankt er den Samen, die in drei doppelsamige Teilfrüchte zerfallen. Die Ausbreitung dieser Früchte erfolgt meist durch das Wasser.

Seegras
Zostera marina

> - grasartige Blätter
> - bildet Wiesen unter Wasser
> - sehr unscheinbare Blüten

Merkmale Wasserpflanze mit langen schmalen grasähnlichen Blättern, je 3–9 mm breit, mit drei bis neun Blattnerven. Unscheinbare Blüten in einer flachen Ähre angeordnet. **Vorkommen** Gezeiten- und Dauerflutzone, Nordsee und Ostsee bis um die Ålandinseln. **Wissenswertes** Seegräser sind die einzigen Blütenpflanzen, die im Meer wachsen. Sie sind nicht mit den Gräsern auf dem Festland verwandt. Im Wattenmeer gab es Seegraswiesen früher auch in den ständig wasserbedeckten Bereichen, diese wurden jedoch in den 1930er-Jahren durch eine Pilzinfektion vernichtet.

Zwerg-Seegras
Zostera noltii

> - Blätter kleiner als bei *Z. marina*
> - Laichplatz für Fische
> - Füllung für Matratzen

Merkmale Blätter nur etwa 1 mm breit, meist einnervig, gras- oder schwarzgrün. Blüten sehr einfach, Bestäubung durch Schwimmpollen. **Vorkommen** Flachwasserbereich auf Schlick- und Sandböden bis etwa 1 m Wassertiefe. **Wissenswertes** Das Zwerg-Seegras bildet mit dem Echten Seegras gemischte Bestände. Seegraswiesen beherbergen eine vielfältige Tierwelt und sind ein wichtiger Laichplatz für Fische. Besonders im Herbst können große Mengen Seegras an die Küste gespült werden. Die getrockneten Pflanzen werden örtlich als Isoliermaterial verwendet.

Schlickgras
Spartina anglica

> - wächst im Schlickwatt
> - bildet ausgedehnte Horste
> - eingeschleppte Art

Merkmale Gras mit aufrechten Stängeln und graugrünen, starren Blättern, mehrjährig, wintergrün, bis zu 50 cm hoch. Blütenstand mit drei bis fünf etwa bleistiftlangen Ähren, blüht von Juli bis Oktober. **Vorkommen** Schlickwatt in der Nordsee. **Wissenswertes** Das Schlickgras wächst in der Verlandungszone und ist bestens an Überflutung angepasst. In den 1920er-Jahren wurde es aus England eingeführt und zur Landgewinnung im Wattenmeer angepflanzt. Die Erfolge waren nur mäßig, aber die Pflanze breitete sich selbstständig entlang der Wattenmeerküsten aus.

Strandhafer
Ammophila arenaria

> - festigt Dünen
> - strohgelbe Ähren
> - häufig angepflanzt

Merkmale Gras mit tief reichendem, verzweigtem Wurzelwerk, Stängel steif aufrecht, Blätter schmal, graugrün, bis zu 1 m hoch, viele kleine Blüten in einer Ährenrispe angeordnet, hell strohgelb. **Vorkommen** Pionierpflanze auf den Dünen, an der Nord- und Ostseeküste. **Wissenswertes** Der Strandhafer ist sehr widerstandsfähig gegenüber Flugsand und Übersandung. Er bildet schnell neues Blatt- und Wurzelwerk aus und festigt so den beweglichen Dünensand. Daher wird Strandhafer oft zur Dünenbefestigung und als Sandfänger angepflanzt. Er ist aber nur wenig salztolerant.

Strandroggen
Leymus arenarius

> - steife, blaugrüne Blätter
> - wächst am Strand
> - bildet Horste

Merkmale Gras mit sperrigem Wuchs, auffallend blaugrün, bis zu 1,2 m hoch, mit langen unterirdischen Ausläufern. Blätter steif und stechend, bei Trockenheit eingerollt (Verdunstungsschutz). Blüten in zylindrischen, weißlichen Ähren, bis zu 30 cm lang. **Vorkommen** Spülsaumgrenze bis Dünen, Nord- und Ostseeküste. **Wissenswertes** Strandroggen erträgt salzigen Boden besser als der Strandhafer und kann daher auch nahe am Meer den Spülsaum besiedeln. Allerdings verträgt er eine Übersandung weniger gut und ist daher selten in Dünenbefestigungen zu finden.

Binsenquecke, Strandweizen
Elymus farctus

> - graugrünes Gras
> - Pionierpflanze am Strand
> - bildet Dünen

Merkmale Gras mit kriechenden Wurzeln und langen Ausläufern, Blätter lang und gebogen, mit dicken behaarten Blattadern, graugrün. Blütenstände ca. 20 cm lang, aufrecht. **Vorkommen** Pionierpflanze am Strand vor allem an den Nordseeküsten. **Wissenswertes** Die Binsenquecke ist gegen Flugsand unempfindlich und erträgt viel Salz. Sie wächst am Nordseestrand und spielt eine wichtige Rolle bei der Dünenbildung. In ihrem Windschatten können kleine Vordünen entstehen, wobei die Quecke ständig durch den Sand hindurch nach oben wächst.

Darmtang
Enteromorpha spp.

- > grüne, band-
  artige Alge
- > viele ähnliche
  Arten
- > sehr häufig

Merkmale Grünalge in Gestalt langer, schmaler Röhren oder dünner Bänder, kräftig grün bis dunkelgrün, bis zu 30 cm lang und bis zu 1 cm breit, vielgestaltig, einjährig. **Vorkommen** Gezeitenbereich, sehr häufig auf Steinen und Holzwerk im Wasser dicht unter der Oberfläche, in Nord- und Ostsee. **Wissenswertes** Darmtang kommt in verschiedenen Arten vor, die zum Teil am gleichen Standort wachsen und sich nur schwer voneinander unterscheiden lassen. Vor allem in nährstoffreichen, also mit Abwasser belasteten Gebieten tritt Darmtang in Massen auf.

Meersalat
Ulva lactuca

- > ähnelt Salat-
  blatt
- > essbar
- > kann in Massen
  umhertreiben

Merkmale Grünalge mit flacher blattartiger Gestalt, am Rand häufig gewellt, am Untergrund mit kleiner Haftscheibe befestigt, bis zu 80 cm lang. Bildet verschiedene, nur schwer unterscheidbare Formen aus. **Vorkommen** Gezeitenzone auf Steinen, Felsen oder Muscheln, aber auch lose umhertreibend. Nordsee und Ostsee bis Bornholm, weit verbreitet und sehr häufig. **Wissenswertes** Der Meersalat sieht nicht nur so ähnlich aus wie ein Salatblatt, sondern kann auch wie grüner Salat gegessen werden. Getrocknet verwendet man die Algen auch in Biogasanlagen.

Borstenhaar
Chaetomorpha linum

- > steife, lange
  Fäden
- > bildet Algen-
  teppiche
- > extrem wider-
  standsfähig

Merkmale Grünalge, bildet unverzweigte, steife Zellfäden, die meterlang werden können und verworrene, lose liegende Algenteppiche bilden. Die breiten, zylindrischen Einzelzellen sind so groß, dass sie im Gegenlicht mit bloßem Auge zu sehen sind. **Vorkommen** Stillwasserbuchten, teilweise massenhaft. Nordsee und Ostsee bis um die Ålandinseln. **Wissenswertes** Die Borstenhaar-Arten gehören zu den besonders widerstandsfähigen Grünalgen. Sie passen den Salzgehalt ihrer Zellen rasch der Umgebung an und überleben sogar wochenlang in Süßwasser.

Blasentang
Fucus vesiculosus

> - gabelig verzweigt
> - mit paarigen Schwimmblasen
> - verträgt Brackwasser

Merkmale Büschel gabelig verzweigt, lederartige Blätter mit Mittelrippe und glattem Rand. Mit Haftscheibe an Untergrund festgewachsen, olivgrün bis gelbbraun, bis zu 70 cm lang. Schwimmblasen beiderseits der Mittelrippe, können auch fehlen. **Vorkommen** Flachwasser auf Steinen. Nordsee und Ostsee bis in den ausgesüßten Bottnischen Meerbusen. **Wissenswertes** Die Form des Blasentangs variiert stark in Abhängigkeit vom Standort. Die Schwimmblasen breiten die Braunalge im Wasser aus, sodass sie optimal mit Licht und Wasser versorgt wird.

Sägetang
Fucus serratus

> - am Rand deutlich gesägt
> - ohne Schwimmblasen
> - im unteren Gezeitenbereich

Merkmale Büschel gabelig verzweigt, lederartige Blätter mit deutlich gesägtem Rand, daher der Name. Mit Haftscheibe an Untergrund festgewachsen, olivgrün bis schwarzgrün, bis zu 1 m lang, keine Schwimmblasen. **Vorkommen** Felsen und Steine in der unteren Gezeitenzone. Nordsee bis mittlere Ostsee um Gotland. **Wissenswertes** Im Unterschied zum Blasentang verträgt der Sägetang nur kurzzeitiges Austrocknen und wächst daher im unteren Bereich der Gezeitenzone. Auf der Felseninsel Helgoland bildet der Sägetang einen Gürtel unterhalb des Blasentangs.

Knotentang
Ascophyllum nodosum

> - sehr derber Tang
> - große Schwimmblasen
> - an Felsenküsten

Merkmale Braunalge mit langen, sehr derben Zweigen, ohne deutliche Mittelrippe, mit einzelnen, taubeneigroßen Schwimmblasen, grünlich bis olivbraun, über 1 m lang. **Vorkommen** Felsküsten in der mittleren Gezeitenzone, häufig zusammen mit Blasentang, oft angetrieben. Nordsee bis Kattegat. **Wissenswertes** An Felsküsten wächst der Knotentang in großen Mengen, er wird als Tierfutter oder zur Gewinnung von Alginaten genutzt. Alginat findet vor allem als Verdickungs- oder Geliermittel Verwendung. Knotentang kann bis zu 30 Jahre alt werden.

Japanischer Beerentang
Sargassum muticum

> - mehrere Meter lang
> - beerenartige Schwimmblasen
> - eingeschleppte Art

Merkmale Seetang mit drehrunder meterlanger Hauptachse und büscheligen Seitenzweigen, an denen kugelige Schwimmblasen sitzen, die wie Beeren aussehen, daher der Name. **Vorkommen** Einwanderer aus Japan, in der Nordsee seit den 1970er-Jahren, häufig treibend. **Wissenswertes** Der biegsame Beerentang kann bis zu 3 m lang werden. Mit Zuchtaustern wurde diese Braunalge zunächst nach Nordamerika eingeschleppt und kam 1973 an die bretonischen Küsten. In den Folgejahren breitete er sich immer weiter aus und wird heute oft an den Nordseestränden angespült.

Zuckertang
Laminaria saccharina

> - bandförmiges, gewelltes Blatt
> - wurzelähnliche Haftkralle
> - bildet zuckerartiges Pulver

Merkmale Haftorgan wurzelähnlich, kurzer, kräftiger Stiel und wie ein langes Blatt gestalteter oberer Teil, bandförmig mit gewelltem Rand. Kann über 4 m lang werden, gelbbraun, lederartig. **Vorkommen** Felsküsten und Steine in der unteren Gezeitenzone und tiefer. Nordsee bis Ostsee um Bornholm. **Wissenswertes** Nach längeren Stürmen findet man losgerissene Exemplare des Zuckertangs im Spülsaum. Die Alge scheidet eine zuckerähnliche Substanz aus, die nach dem Eintrocknen als weißes, süß schmeckendes Pulver zurückbleibt, daher der Name.

Fingertang
Laminaria digitata

> - derbe, große Braunalge
> - fingerartig geteiltes Blatt
> - kommerziell genutzt

Merkmale Blattbasis fingerartig unterteilt, Stiel leicht biegsam, gleichmäßig dick und glatt, wurzelartige Haftkralle, sehr derb und lederartig, dunkelbraun, bis zu 60 cm lang. **Vorkommen** Felsküsten und Steine unterhalb der Gezeitenzone. Nordsee und westliche Ostsee. **Wissenswertes** Anders als die bekannten Gefäßpflanzen, bilden Algen keine Sprosse, Wurzeln und Blätter aus. Große Seetangarten wie der Fingertang bilden aber Organe, die diesen stark ähneln. Die *Laminaria*-Arten werden auch zur Herstellung von Geliermitteln und Kosmetika genutzt.

Hauttang
Porphyra umbilicalis

> - sehr dünn und lappig
> - kann vollständig austrocknen
> - als Sushi-Rolle verwendbar

Merkmale Rotalge von rundlichem Umriss, folienartig glatt und dünn, in der Mitte mit Anheftungsstelle, braunrot bis schwärzlich, bis zu 30 cm groß. **Vorkommen** Felsen, Steine, Muschelschalen in der oberen Gezeitenzone. Nordsee bis westliche Ostsee. **Wissenswertes** Der Hauttang trocknet bei Ebbe komplett aus und fühlt sich dann steif an wie knisterndes Pergamentpapier. Das schadet ihm aber nicht: Wenn die Flut kommt, setzen seine Lebensfunktionen wieder ein. Als »Nori« wird eine verwandte Art in Japan gezüchtet und zur Herstellung von Sushi verwendet.

Knorpeltang
Chondrus crispus

> - wächst in Büscheln
> - knorpelig fest
> - »Irisches Moos«

Merkmale Stiel flach, wedelförmiges, mehrmals gegabeltes, krauses Blatt, knorpelartige Konsistenz, dunkel- bis braunrot, bis zu 20 cm hoch. **Vorkommen** Gezeitenzone und tiefer auf Steinen, kann dichte Bestände bilden. Nordsee bis westliche Ostsee. **Wissenswertes** Aus den Zellwänden des Knorpeltangs wird ein gelatineartiger Stoff gewonnen (Carrageen), der als Stabilisator und Emulsionsmittel verwendet wird. Auf den Britischen Inseln nennt man diese Rotalge »Irisches Moos«. Unter Wasser leuchtet der Knorpeltang in einem auffälligen Blauton.

Roter Seeampfer
Delesseria sanguinea

> - leuchtend rote Blätter
> - kräftige Mittelrippe
> - in Tiefen bis 40 m

Merkmale Blätter leuchtend rosarot gefärbt, am Rand leicht gewellt, bis zu 20 cm lang. Die kräftige Mittelrippe hat feinere Seitenrippen. **Vorkommen** Dauerflutzone auf Felsen und Steinen. Nordsee bis Ostsee um Bornholm. **Wissenswertes** Seeampfer ist eine mehrjährige Pflanze. Während des Winters stirbt die Blattmasse ab, nur die Mittelrippe bleibt bestehen und überwintert. An ihr bilden sich die Fortpflanzungsorgane. Im Frühjahr wachsen neue Blätter aus den in den Blattrippen gespeicherten Nährstoffreserven. Seeampfer wird in der Kosmetikindustrie verwendet.

Register

Register

Bildnachweis/Impressum

Mit 169 Farbfotos von **Buchhorn/Hecker** 65/1, 65/2; **Gust** 59/2;
Hassler 113/3; **Janke** 49/2, 97/2, 119/1, 121/1; **König/Hecker** 113/2, 21/2,
21/3, 23/2, 25/3, 27/1, 29/2, 111/3; **Kremer** 121/3; **Limbrunner/Hecker**
85/2; **MacPhoto/Blickwinkel** 73/1; **Mestel/Hecker** 65/3, 71/1, 77/2,
79/2; **Peltomäki/Blickwinkel** 85/3, 89/2; **Sauer/Hecker** 11/2, 13/1,
15/1, 17/3, 19/1, 19/2, 19/3, 23/1, 25/2, 27/2, 27/3, 29/1, 31/1, 31/2, 35/1,
35/2, 39/1, 39/2, 41/1, 43/2, 45/3, 47/1, 47/2, 51/2, 81/2, 111/1, 111/2,
113/1, 117/1, 117/2, 117/3, 119/3, 121/2, 128/3, 128/4, 128/8, 129/1, 129/6;
Stock/Hecker 115/1, 13/2; **Woike/Blickwinkel** 73/2; **Zankl** 63/3. Alle
übrigen Fotos von **Hecker** (102). MIt 6 Symbolen von **Wolfgang
Lang.**

Umschlaggestaltung von eStudio Calamar unter Verwendung
von 3 Farbfotos von Wolfgang Mette/fotolia (Dünenlandschaft)
sowie auf der Umschlagsrückseite von Hecker (Austernfischer und
Gewöhnlicher Seestern).

Unser gesamtes lieferbares Programm und viele
weitere Informationen zu unseren Büchern,
Spielen, Experimentierkästen, DVDs, Autoren und
Aktivitäten finden Sie unter **www.kosmos.de**

MIX
Papier aus verantwor-
tungsvollen Quellen
FSC® C015829

Gedruckt auf chlorfrei gebleichtem Papier

© 2011, Franckh-Kosmos Verlags-GmbH & Co. KG, Stuttgart
Alle Rechte vorbehalten
ISBN 978-3-440-12578-6
Projektleitung: Carsten Vetter
Lektorat, Satz, Bildauswahl: Barbara Kiesewetter, München
Produktion: Markus Schärtlein
Printed in Italy / Imprimé en Italie